FORSCHUNGSBERICHTE
DES LANDES NORDRHEIN-WESTFALEN

Herausgegeben durch das Kultusministerium

Nr. 692

Professor Dr.-Ing. habil. Karl Krekeler
Dipl.-Ing. Hans Verhoeven

Institut für Schweißtechnische Fertigungsverfahren an der
Technischen Hochschule Aachen

Untersuchungen zum Schweißen von Titan
(Wolfram-Inert-Schweißen)

Als Manuskript gedruckt

WESTDEUTSCHER VERLAG / KÖLN UND OPLADEN

1959

ISBN 978-3-663-03851-1   ISBN 978-3-663-05040-7 (eBook)
DOI 10.1007/978-3-663-05040-7

Gliederung

1. Einleitung . . . . S. 5

2. Titan und Titanlegierungen . . . . S. 6

    2.1 Vorkommen . . . . S. 6

    2.2 Herstellung . . . . S. 7

    2.3 Eigenschaften von Titan . . . . S. 7

    2.4 Verarbeitung . . . . S. 14

3. Schweißversuche mit Titan und mit Titanlegierungen
   (Auswertung des einschlägigen Schrifttums)

    3.1 Allgemeinkundliche Gesichtspunkte . . . . S. 15

    3.2 Lichtbogenschweißen von Rein-Titan . . . . S. 20

        3.21 Schweißvorbereitung . . . . S. 20

        3.22 Einfluß von N_2, H_2 und C auf die Festigkeitseigenschaften von Titan und Titan-Schweißungen . . . S. 21

        3.23 Schutzgas und Schutzeinrichtungen Titan-Schweißverbindungen (Beispiele) . . . . S. 24

        3.24 Schweißen von dicken Blechen mit Zusatzwerkstoff . . . . S. 27

        3.25 Einfluß der Stromstärke auf die Schweißung . . . . . S. 28

        3.26 Einfluß des Elektroden- und Düsenabstandes auf die Schweißung . . . . S. 29

        3.27 Einfluß der Wärmebehandlung . . . . S. 30

        3.28 Chemische Beständigkeit von Titanschweißverbindungen . . . . S. 32

        3.29 Einfluß der Walzrichtung auf die Festigkeit einer Titan-Schweißverbindung . . . . . . S. 32

    3.3 Lichtbogenschweißen von Titanlegierungen . . . . S. 33

        3.31 Bedeutung der Titanlegierungen . . . . S. 33

        3.32 Bisherige Erfahrungen beim Schweißen von Titanlegierungen . . . . S. 34

4. Versuchsdurchführung . . . . S. 37

    4.1 Versuchsaufbau . . . . S. 37

    4.2 Allgemeine Ausführungen zu den Schweißversuchen . . . . S. 37

    4.3 Prüfung der Schweißnähte . . . . S. 40

5. Auswertung der Versuchsergebnisse . . . . S. 41

    5.1 Einfluß des Elektrodenabstandes . . . . S. 41

    5.2 Einfluß der Stromstärke . . . . S. 42

    5.3 Einfluß der Argonmenge . . . . S. 43

    5.4 Einfluß der Walzrichtung . . . . .S. 45

    5.5 Einfluß einer Wärmebehandlung . . . . S. 45

6. Zusammenfassung . . . . S. 47

7. Literaturverzeichnis . . . . S. 50

1. Einleitung

Die wachsende Bedeutung des Titans liegt in seinem geringen spezifischen Gewicht bei hoher Festigkeit und großer Korrosionsbeständigkeit begründet. Ein Konstruktionsteil aus Titan wiegt bei gleichen Abmessungen und bei gleicher Festigkeit ungefähr 60 % eines entsprechenden Teiles aus rostfreiem Stahl.

Aus diesem Grunde wird Titan vorzugsweise im Flugzeugbau, für Verdichtungsrotoren und Verdichterschaufeln im Strahltriebwerk, für Zylinderwände, Flugzeugrümpfe und Versteifungen verwendet. Auf Grund der geringen Massen und der hohen Erosions- und Kavitationsfestigkeit bei gleicher Dimensionierung können zum Beispiel Turboverdichter mit wesentlich höherer Drehzahl ausgelegt werden als bei Verwendung von Stahl, was gerade im Flugzeugbau von entscheidender Bedeutung ist. Wegen seiner guten Korrosionsbeständigkeit wird dieser Werkstoff auch in vielen Fällen im chemischen Apparatebau verarbeitet, zum Beispiel zur Herstellung von Reaktionsgefäßen, Autoklaven, zur Ausfütterung von Kesseln usw. Das geringe Gewicht spielt auch bei vielen Kleinteilen, die hohen Beschleunigungskräften ausgesetzt sind, eine erhebliche Rolle, so z.B. bei Textilmaschinen und Rechenmaschinen.

Die Titanmetallgewinnung für technische Belange erfolgt seit etwa zehn Jahren. Die Herstellung und Verwendung von Titan in Form von Legierungen ist lange bekannt:

a) Als Ferrotitan in titanhaltigen Stählen vor allem zur Stabilisierung austenitischer Chrom-Nickel-Stähle und als Legierungselement für warmfeste Stähle,

b) als Aluminium-Titan zur Kornfeinung von Aluminiumlegierungen.

Die Produktion von Titanmetall ist im Augenblick noch relativ gering. Im Jahre 1956 betrug die Weltproduktion etwa 13000 t. Die Welterzeugung von Aluminium beträgt im Augenblick vergleichsweise 3 Millionen t. Wirtschaftliche Erwägungen stehen der Anwendung von Titan in den meisten Fällen entgegen. In Tabelle 1 sind die Rohstoff- und Verarbeitungskosten des Titans denen anderer Metalle gegenübergestellt.

Tabelle 1
Die effektiven Rohstoff- und Verarbeitungskosten für verschiedene Metalle
(Durchschnittspreise in DM/kg für I. Halbjahr 1957)

Metall	Metallbewertung in			
	Erz	Block	Halbzeug	
			Draht	Blech
Eisen	0,08	0,32	0,62	0,65
Zink	0,43	0,85	-	1,74
Blei	0,86	1,06	1,36	1,40
Aluminium	0,30	2,33	3,60	3,70
Kupfer	1,95	2,82	3,30	3,91
Titan	1,64	43,50	78,50	107,50

2. Titan und Titanlegierungen

2.1 Vorkommen

In der Häufigkeit seines Vorkommens auf der Erde steht Titan nach Aluminium, Eisen, Magnesium an vierter Stelle, was beweist, daß es durchaus kein seltenes Metall ist.

Titan kommt vor als Rutil, das bis zu 95 % TiO_4 enthält oder als Ilmenit ($FeTiO_3$) mit einem TiO_2-Gehalt von rund 40 bis 60 %. Die Lagerstätten von Rutil sind begrenzt, während Ilmenit so häufig ist, daß selbst bei einer Jahresproduktion von 1 Million t Titanmetall ausreichende Erzreserven für mindestens 100 Jahre zur Verfügung stehen werden.

Schon heute beträgt die jährliche Förderung an Titanerzen über 1 Million t mit einem Titangehalt von über 300 000 t. Der überwiegende Teil dieser Titanerze wird allerdings zu Titanweiß verarbeitet.

Abbauwürdige Vorkommen lagern praktisch in sämtlichen Erdteilen. In Europa befinden sich die Hauptlagerstätten in Spanien und vor allem in Norwegen. Große Vorkommen sind auch an der deutschen Ost- und Nordseeküste bekannt.

2.2 Herstellung

Rein-Titan wird heute nach den Verfahren von KROLL und van ARKEL hergestellt. Während das Verfahren nach van ARKEL nur im Labor angewandt wird, wird auf der Basis des KROLL-Prozesses seit ungefähr 10 Jahren Rein-Titan für industrielle Zwecke erzeugt.

Als Ausgangsmaterial dient heute hauptsächlich Ilmenit. Rutil läßt sich verfahrenstechnisch zwar leichter verarbeiten, ist aber ungefähr viermal so teuer wie Ilmenit. Rutil kostete im August 1957 ungefähr 500 DM je t.

Nach dem KROLL-Prozeß (Abb. 1) wird das TiO_2 des Erzes durch Chlorieren in das flüssige $TiCl_4$ überführt. Während dies bei Verwendung von Rutil direkt möglich ist, tritt bei Verarbeitung von Ilmenit infolge des Eisengehaltes des Erzes noch $FeCl_2$ und $FeCl_3$ auf. Diese beiden Verunreinigungen müssen durch eine fraktionierte Destillation entfernt werden. Die Reduktion des Titantetrachlorids ($TiCl_4$) erfolgt entweder mit Mg oder mit Na nach der Gleichung:

$$TiCl_4 + 2\ Mg = Ti + 2\ MgCl_2$$

Nach der Trennung des schwammförmigen Titanmetalls von den Reaktionsprodukten werden diese zweckmäßig durch Schmelzflußelektrolyse wieder in Chlor und Reduktionsmetall zerlegt. Der Titanschwamm wird zu Elektroden verpreßt und im Hochvakuum oder unter vermindertem Druck in einer Edelgasatmosphäre nach dem Prinzip des Stranggießens zu homogenen Blöcken verdichtet, die dann als Ausgangsprodukt für die Herstellung von Titanhalbzeug dienen.

2.3 Eigenschaften von Titan

Kennzeichnend für Titan ist das überaus günstige Verhältnis von Zugfestigkeit und Streckgrenze zum spezifischen Gewicht, das mit 4,5 gr/cm^3 um etwa 40 % niedriger liegt als bei Stahl. Neben ziemlich hohen Schmelzpunkt und der geringen Wärmedehnungszahl verdienen der niedrige E-Modul, die geringe Wärmeleitfähigkeit und die chemische Beständigkeit Beachtung. Siehe Tabelle 2.

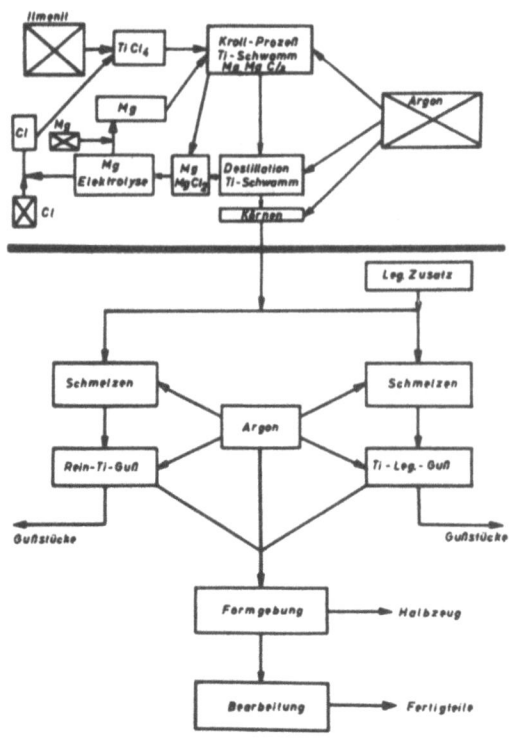

A b b i l d u n g 1

Herstellungsgang des Titans

T a b e l l e 2

Physikalische Eigenschaften von Titan [5]

Eigenschaft	Technisches Titan
Spez.Gewicht $[g/cm^3]$	4,5
Kristallstruktur	unterhalb 885° *): hexag.dichteste Kugelpackung
	oberhalb 885°: kubisch raumzentriert
E-Modul $[kg/mm^2]$	11 000
Schallgeschwindigkeit $\sqrt{\frac{E}{\varrho}}$ [m/s]	4 800
Spez. Wärme $[cal/g\,°C]$	0,14
Wärmedehnungszahl $[°C^{-1}]$	$8,5 \cdot 10^{-6}$
Wärmeleitfähigkeit $[cal/cm\,s\,°C]$	0,045
Schmelzpunkt $[°C]$	1 660° **)
Spez.elektr.Widerstand bei 20° $\left[\frac{\Omega\,mm^2}{m}\right]$	0,4 - 0,6
Magn. Verhalten	paramagnetisch

*) **) Fußnoten siehe Seite 9

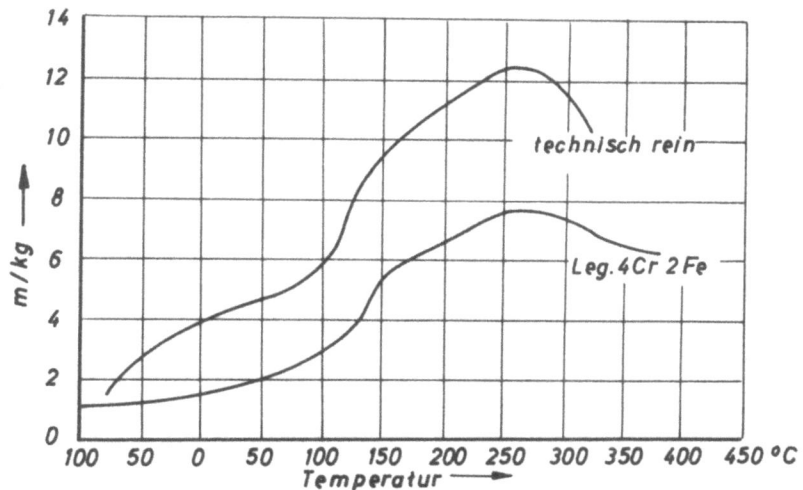

Abbildung 2

Kerbschlagzähigkeit von Charpy-Proben zweier
Titan-Sorten

Die Verdampfungstemperatur des Titans liegt bei 3660° C.

Die mechanischen Gütewerte verschiedener Rein-Titan Sorten und einiger Titan-Legierungen zeigt die nachfolgende Tabelle 3.

Tabelle 3

Mechanische Eigenschaften verschiedener Titansorten

Eigenschaften	Titan 150	Titan 180	Titan 200
Zugfestigkeit (kg/mm^2)	35-55	55-70	65-80
$\sigma_{0,2}$-Grenze (kg/mm^2)	25-45	45-60	55-70
Bruchdehnung δ_5 (%)	>22	18-25	10-20
Brucheinschnürung ψ	>60	40-60	25-50
Brinellhärte (HB 30/5)	160	150-200	200

---

*) Gilt für reinstes Titan
**) Kroll-Titan schmilzt bei etwa 1700°. Vgl. hierzu T.H. Schofield, A.E. Bacon: J. Inst. Met. 82 (1953/54), S. 167

Bemerkenswert ist hier das hohe Streckgrenzenverhältnis von etwa 0,8. Bei Raumtemperatur besitzt Titan keine ausgesprochene Streckgrenze.

Die Dehnbarkeit und Zähigkeit des Rein-Titans, besonders aber die Kerbschlagzähigkeit bei tiefen Temperaturen sind sehr gut. Dies wird deutlich durch den Vergleich der Kerbschlagzähigkeit von Stahl und Titan.

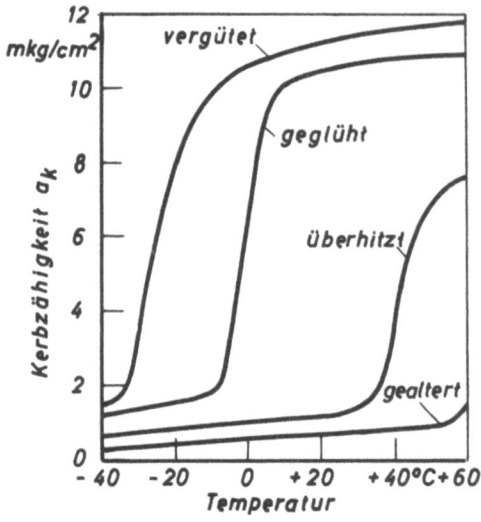

A b b i l d u n g   3

Abhängigkeit der Kerbzähigkeit des Stahles von der Temperatur bei verschiedenen Glühzuständen (aus Dubbel I, S. 150)

Für Stahl ist der plötzliche Übergang von der Hochlage zur Tieflage charakteristisch; man erhält hier selbst bei zähen Stählen und bei tiefen Temperaturen spröde Brüche. Lediglich bei feinkörnigen, vergüteten Stählen wird der Übergang flacher und zu tiefen Temperaturen hin verschoben.

Titan zeichnet sich durch einen flachen Übergang der Kerbschlagwerte aus, so daß die Sprödbruchneigung weit geringer ist. Mit zunehmendem Gehalt an Verunreinigungen (C, O_2, N_2, H_2) nimmt die Kerbschlagzähigkeit bei Raumtemperatur stark ab (s. Abb. 2).

Trotz des hohen Schmelzpunktes ist die Festigkeit bei höheren Temperaturen gering. Schon bei etwa 300° C ist Rein-Titan hohen Festigkeitsanforderungen nicht mehr gewachsen. Es sind daher einige besonders warmfeste Titan-Legierungen entwickelt worden, die noch bis zu Temperaturen von 500° C gute Festigkeiten aufweisen.

Die große Duktilität läßt die Krichneigung des Titans verständlich erscheinen.

Die Dauerstandfestigkeit bei höheren Temperaturen zeigt ebenfalls ungünstige Werte.

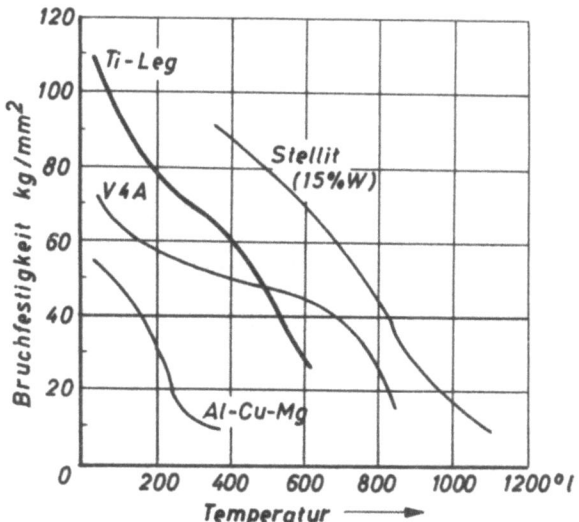

A b b i l d u n g 4
Vergleich der Warmfestigkeiten einer Titanlegierung
mit anderen Werkstoffen

Bei Titanlegierungen zeigt sich erwartungsgemäß ein besseres Verhalten der Dauerstandfestigkeit, das bei Berücksichtigung des spezifischen Gewichtes bis zu Temperaturen von 550° C den rostfreien Stählen sogar überlegen ist.

Sowohl die Biege- als auch die Verdrehwechselfestigkeit des Titans sind sehr gut.

Vergleicht man die Verdrehwechselfestigkeit des Titans mit seiner Zugfestigkeit, so ergibt sich ein Quotient von 0,39. Dieser Wert liegt bei Stahl im Bereich von etwa 0,25 bis 0,35. Für den Quotienten Biegewechselfestigkeit zur Zugfestigkeit ergibt sich ein Wert von 0,66, der bei Stahl bei ungefähr 0,4 bis 0,6 liegt. Diese Tatsache ist für den Maschinenbau, besonders aber für den Flugzeugbau von entscheidender Bedeutung.

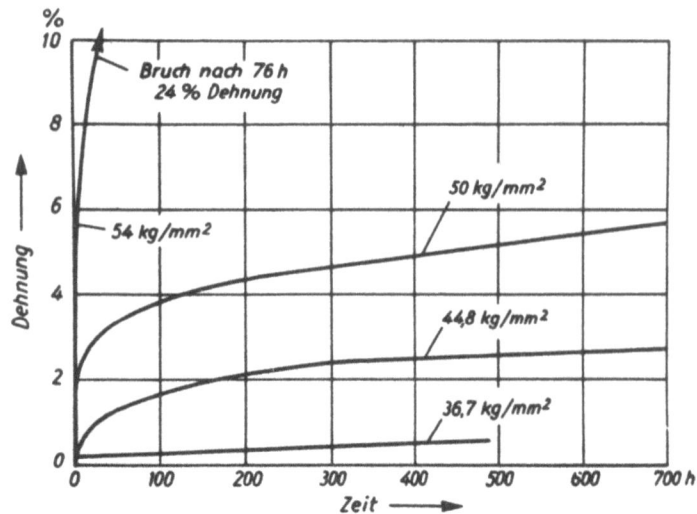

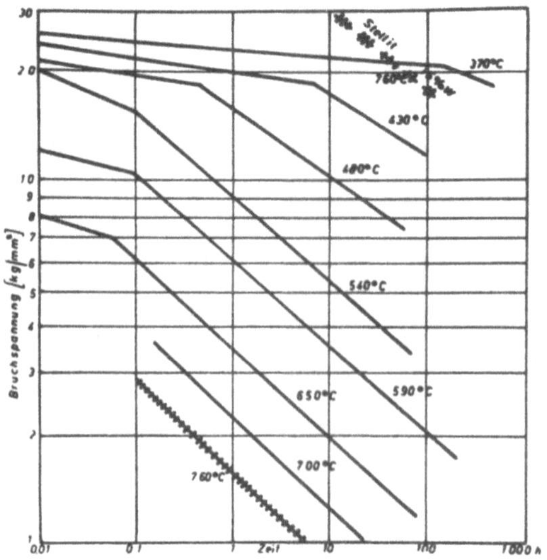

Abbildung 5
Kriechneigung des Titans
Raumtemperatur

Abbildung 6
Dauerstandfestigkeit von Titan bei
höheren Temperaturen. Festigkeit bei
Raumtemperatur 50 kg/mm^2

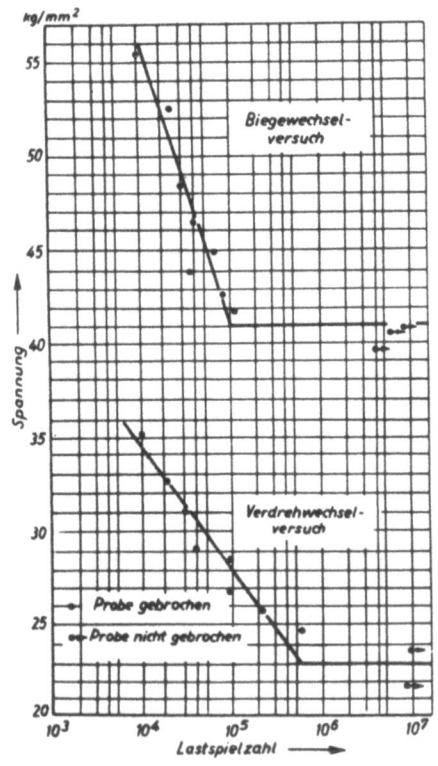

Abbildung 7
Wöhler-Kurve für die Biege- und Verdrehwechselfestigkeit von Titan

Der Einfluß der Struktur auf die mechanischen Eigenschaften von ungeschweißten Titan-Blechen ist gering. Durch eine Wärmebehandlung oberhalb und unterhalb der Umwandlungstemperatur wird die Härte nicht merklich verändert. Nach dem Glühen bei Temperaturen oberhalb 900° C setzt allerdings starkes Kornwachstum ein, wodurch sowohl die Festigkeitseigenschaften als auch die Dehnbarkeit verringert werden.

Zur Erzielung eines einheitlichen Gefüges nach einer Warm- oder Kaltverarbeitung wird eine Temperatur zwischen 600° C und 700° C, möglichst in einem elektrisch beheizten Glühofen, empfohlen, da hier die Aufnahme von Sauerstoff und Stickstoff gering ist. Glühen bei höheren Temperaturen erfordert unbedingt eine Schutzgasatmosphäre.

Die mechanischen Eigenschaften des Titans hängen weitgehend von den Gehalten an Verunreinigungen wie Stickstoff N_2, Sauerstoff O_2, Wasserstoff H_2 und Kohlenstoff C ab. Die Bestimmung ihrer Gehalte ist sehr schwierig. In der Praxis gilt die Härte als Maß für die Reinheit des Titans. Die Härte ist der Zugfestigkeit direkt proportional, während die Dehnbarkeit bei höheren Härten nur noch geringfügig abnimmt.

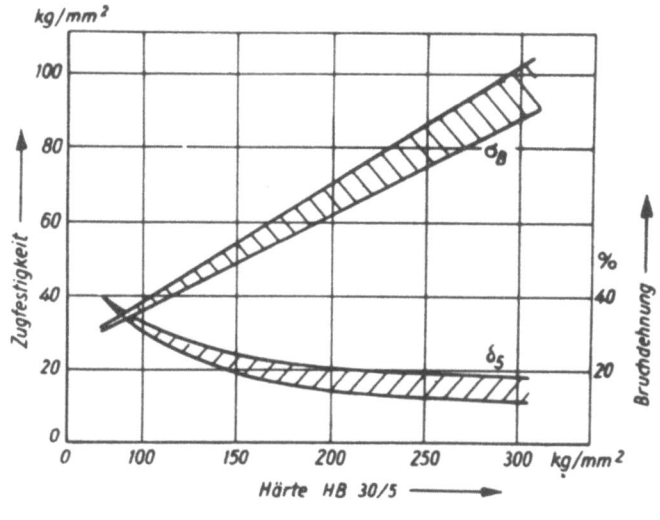

A b b i l d u n g   8

Zugfestigkeit und Bruchdehnung bei technischem Titan

Die chemische Beständigkeit des Titans ist besonders bei stark oxydierenden und Chlorionen enthaltenden Angriffsmitteln besser als die der anderen Metalle. Für die technische Verwendung bedeutungsvoll ist, daß Titan gegenüber Seewasser und Seeluft sehr beständig und gegen Lochfraß, interkristalline Korrosion und gegen Spannungsrißkorrosion unempfindlich ist. Nicht beständig ist Titan bei reduzierenden Angriffsmitteln wie Salzsäure, bei stärkeren Konzentrationen von Schwefelsäure und Flußsäure. Bei organischen Substanzen ist die Korrosionsbeständigkeit unterschiedlich.

Zum Säubern dünn verzunderter Titanbleche wird eine Beize verwendet mit folgender Zusammensetzung:

$$35\ \%\ \text{Salpetersäure}$$
$$10\ \%\ \text{Salzsäure}$$
$$1\ \%\ \text{Flußsäure}$$
$$\text{Rest Wasser.}$$

Die Beiztemperatur soll 70 bis 80° C betragen.

Berührungskorrosion kann leicht durch Kontakt mit Aluminium und Magnesium auftreten. An Lagern ist das Aufsetzen einer Büchse zu empfehlen, da Titan bei metallischer Reibung zum Fressen neigt.

Der Konstrukteur muß folgende Punkte beachten:

Der E-Modul des Titans ist mit etwa 11000 kg/mm^2 nur halb so groß wie bei Stahl (Biege- und Knickbeanspruchung).

Bei statischer Dauerbeanspruchung fällt die Kriechneigung des Titans ins Gewicht.

Titan besitzt eine geringe Wärmeleitfähigkeit und eine niedrige Wärmeausdehnung.

2.4 Verarbeitung

Im Temperaturbereich zwischen 800 und 900° C läßt sich Titan ohne Schwierigkeit warm verarbeiten, da dieser Bereich oberhalb der Rekristallisationsgrenze liegt und außerdem tief genug ist, um übermäßig starke Zunderbildung und Gasaufnahme zu vermeiden.

Auch kalt läßt sich Titan gut verformen, wenn die Kaltverfestigung durch Zwischenglühen wieder rückgängig gemacht wird.

Zur Erhöhung der Oberflächenhärte und des Verschleißwiderstandes kann Titan mit gereinigtem sauerstoffreiem Stickstoff oder durch Einsetzen in Holzkohle oberflächengehärtet werden.

Die spanabhebende Bearbeitung ist abhängig vom Gefügeaufbau und von den Festigkeitseigenschaften. Erschwert wird die Zerspanung durch das "Schmieren" des Titans, durch Bildung von Aufbauschneiden und durch hohen Werkzeugverschleiß, hervorgerufen durch Titankarbide und durch Kaltverfestigung. Die Schneidtemperatur liegt ungefähr viermal so hoch wie bei der Zerspanung von Stahl, so daß reichlich Kühlmittel zugesetzt werden muß und der Einsatz von Hartmetallwerkzeugen zu empfehlen ist.

Zu den heute wichtigsten spanlosen Bearbeitungsverfahren, die oft über die Einsatzmöglichkeit eines Werkstoffes entscheiden, gehört zweifellos das Schweißen und das Löten.

Das Hartlöten ist grundsätzlich möglich, und zwar werden beste Ergebnisse mit reinem Silberlot erreicht, während die üblichen legierten Lote stark zur Versprödung neigen. Bestwerte werden hier erzielt durch Induktionslötung in einer Argon-Atmosphäre.

Das Schweißen von Titan und Titanlegierungen wird nachfolgend gesondert behandelt.

3. Schweißversuche mit Titan und mit Titanlegierungen
(Auswertung des einschlägigen Schrifttums)

3.1 Allgemeine metallkundliche Gesichtspunkte

Rein-Titan liegt bei Raumtemperatur in der α-Modifikation vor mit hexagonal dichtester Kugelpackung (α-Titan). Die Umwandlungstemperatur liegt bei 885° C, hier wandelt sich α-Titan in die kubisch raumzentrierte ß-Modifikation um (ß-Titan). Da technisch reines Titan immer geringe Mengen an Verunreinigungen enthält, erfolgt diese Umwandlung in einem mehr oder weniger großen Temperaturbereich. Man hat versucht, die ß-Phase durch Abschrecken zu stabilisieren, was nicht gelang. Bei dieser diffusionslosen Umwandlung entstand je nach Abkühlungsgeschwindigkeit ein lamellares bis nadeliges α-Korn, das durch seine Ausbildungsform ungünstige Zähigkeitseigenschaften aufweist. Siehe Abbildung 9.

Kühlt man im Ofen ab, so wird sich α-Titan in Widmannstättenscher Form ausscheiden. Abbildung 10 zeigt einen hierfür typischen Mikroschliff.

Die für langsame Abkühlung oft festzustellende längliche Form der Kristalle zeigt Abbildung 11.

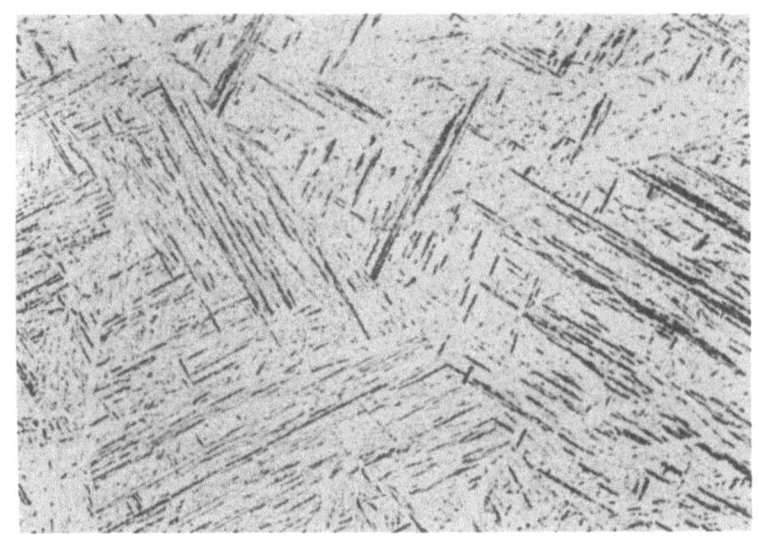

A b b i l d u n g   9
Nadeliges Gefüge. 1000° C/Wasser

A b b i l d u n g   10
Wärmebehandlung 1000° C/Ofen Widmannstättensches Gefüge

Das in Abbildung 12 gezeigte globulare Korn wurde durch längeres Glühen kurz unterhalb der Umwandlungstemperatur erreicht. Die Zeit der Wärmebehandlung hängt weitgehend von der Höhe der Verunreinigungen ab. Die in Abbildung 12 erkennbaren schwarzen Flecken sind durch Verunreinigungen entstanden; so scheidet sich z.B. infolge der geringen Löslichkeit von Wasserstoff bei Raumtemperatur im α-Gefüge Titanhydrid aus.

Wenn die gewonnene Zähigkeit bei längerm Glühen nicht durch Aufhärtung, hervorgerufen durch die Gase N_2, O_2, H_2 und C, wieder rückgängig gemacht wird, kann durch eine Warmbehandlung eine geringe Verbesserung der Festigkeitseigenschaften erzielt werden.

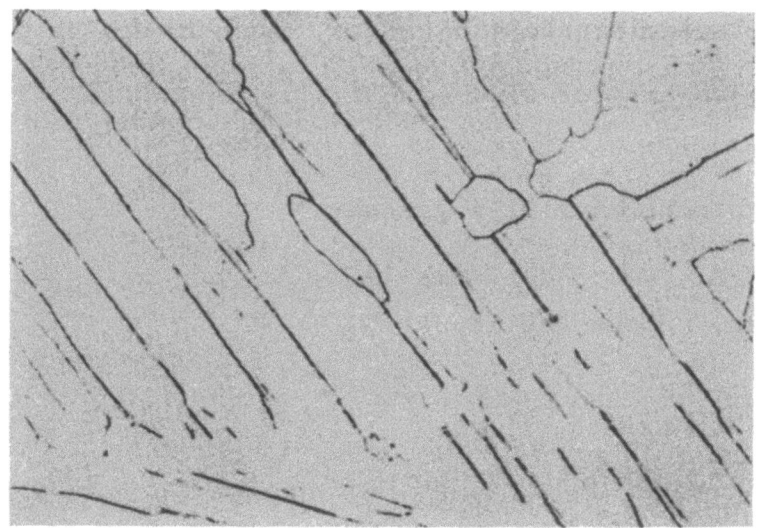

A b b i l d u n g   11
Wärmebehandlung 1000° C/Ofen

Da bei der Untersuchung von Schweißverbindungen Schliffbilder je nach Wärmebehandlung ähnlich den Abbildungen 11 und 12 zu erwarten sind, mögen sie dazu dienen, bei späteren Versuchen eine kritischere Beurteilung der Versuchsergebnisse zu ermöglichen.

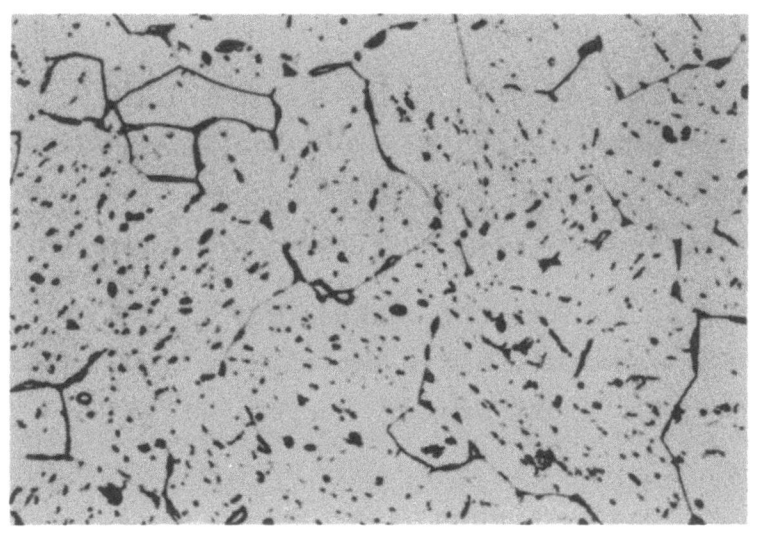

A b b i l d u n g   12
Globulares Korn nach längerem Glühen kurz unter der Umwandlungstemperatur

Von noch größerer Bedeutung für die Titanforschung aber ist die Kenntnis des Einflusses der Legierungselemente auf die Eigenschaften des Titans. Da hier eine wesentliche Erweiterung der Anwendungsmöglichkeiten dieses Werkstoffes möglich ist, wird im folgenden auf die metallurgischen Zusammenhänge kurz eingegangen.

Es lassen sich Titanlegierungen folgender Typen unterscheiden:

1. Die Umwandlungstemperatur wird erhöht. (Peritektischer Typ). Siehe Abbildung 13.

2. Die Umwandlungstemperatur wird gesenkt.

a) ß-isomorpher Typ. Siehe Abbildung 14
b) eutektoider Typ. Siehe Abbildung 15

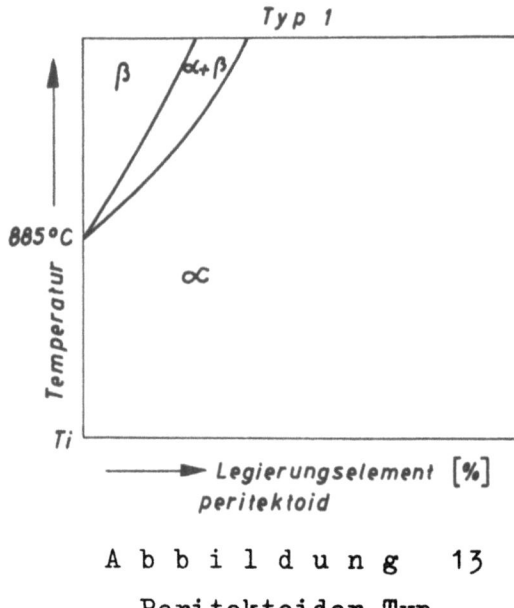

A b b i l d u n g 13
Peritektoider Typ

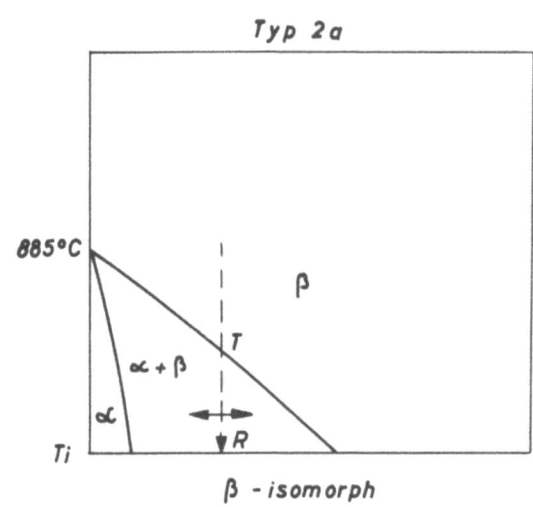

A b b i l d u n g 14
ß-isomorpher Typ

Einteilung der Legierungselemente in diese 2 Gruppen:

Gruppe 1 : Sauerstoff, Stickstoff, Kohlenstoff
Gruppe 2a: Molybdän, Vanadium, Niob, Tantal
Gruppe 2b: Wasserstoff, Chrom, Mangan, Kupfer, Eisen

Zu Abbildung 13:

Je nach Wärmebehandlung besteht bei diesen Legierungen das Gefüge aus körnigem α- oder umgewandeltem β-Titan. Die ß-Phase kann durch Abschrecken nicht bei Raumtemperatur erhalten werden.

Zu Abbildung 14:

Schreckt man aus dem α-Gebiet ab, so erhält man ein körniges α-Gefüge; beim Abschrecken aus dem ß-Gebiet rechts von der Linie R-T eine körnige ß-Phase. Schnelles Abkühlen aus dem ß-Gebiet links von R-T dagegen liefert nadeliges umgewandeltes ß-Titan. Diese mit α' bezeichnete Phase ist eine verzerrte α-Modifikation, mit gleicher Zusammensetzung wie der ß-Mischkristall. Sie ist nur unwesentlich härter als das α-Gefüge. Aus dem Gebiet oberhalb T abgeschreckte Legierungen bestehen aus $\alpha + \alpha'$-Titan, alle unterhalb dieser Temperatur geglühten Proben bestehen aus $\alpha + $ ß-Titan.

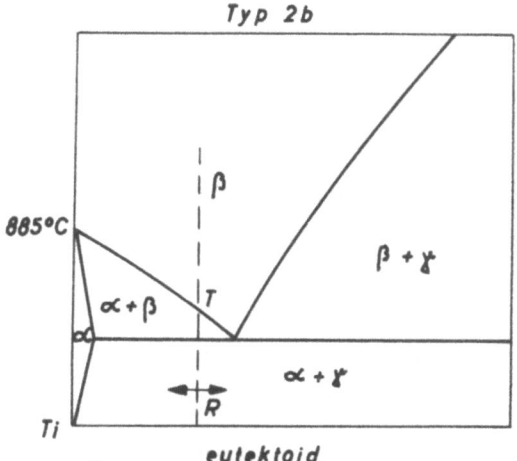

Abbildung 15
eutektoider Typ

Zu Abbildung 15:

Hier liegen im Prinzip die gleichen Verhältnisse vor wie bei Typ 2a. Jedoch zerfällt bei der eutektoiden Temperatur die ß-Phase in $\alpha + \gamma$-Titan; dieser Vorgang verläuft sehr träge. Setzt man die Legierungen jedoch längere Zeit höheren Temperaturen aus, so kann infolge von Ausscheidungsvorgängen der Werkstoff verspröden.

Aus diesen Überlegungen läßt sich eine Wärmebehandlungsmöglichkeit im wesentlichen bestimmen:

1. Ausscheidung einer neuen Phase aus übersättigtem ß-Mischkristall

2. Eutektoide Aufspaltung von ß-Titan in zwei neue Phasen

3. Umwandlung in ein metastabiles α'-Gefüge, das aber nicht wesentlich härter ist als das α-Gefüge.

Von der jeweiligen Kristallart der Titan-Legierung kann man Rückschlüsse auf die Eigenschaften des Werkstoffes ziehen. So sind die Legierungen der α-Modifikation im allgemeinen für den Gebrauch am geeignetsten; die Legierungen mit ß-Gefüge besitzen aber gegenüber einer α-Legierung eine größere Biegeverformbarkeit als Folge der größeren Zahl der Gleitebenen im kubisch-raumzentrierten Kristallgitter. Eine α + ß-Legierung vereinigt in sich die guten und schlechten Eigenschaften der beiden Kristallarten.

3.2 Lichtbogenschweißen von Rein-Titan

3.21 Schweißvorbereitung

Die hohe Affinität zu den atmosphärischen Gasen bei Walztemperatur macht es erforderlich, daß vor dem Schweißen zumindest im Bereich der Schweißnaht der Walz- und Glühzunder entfernt wird. Vorgeschlagen wird eine Breite von fünf- bis zehnmal Blechstärke.

Wird mit Zusatzwerkstoff geschweißt, muß dieser aus demselben Grunde vorher ebenfalls gesäubert werden. Es empfiehlt sich, das erste Drahtstück abzukneifen, wenn vorher schon einmal mit diesem Draht geschweißt wurde. Bei der Handschweißung soll die Verwendung von Zusatzdraht möglichst vermieden werden, da es kaum möglich ist, den Draht immer im Schutzgas zu halten. Nach amerikanischen Versuchen wurde der Zusatzdraht mehrmals absichtlich während des Schweißvorganges der Luft ausgesetzt und die Schweiße dann mit einer ordnungsgemäß ausgeführten Schweißnaht verglichen; bei dem ersten Versuch enthielt das Schweißgut 0,943 % N_2. Es traten Risse auf, die bei der anderen Schweißnaht nicht festgestellt wurden; hier war der Stickstoffgehalt um 2/3 geringer, er betrug 0,334 % [20].

Die Säuberung der Bleche kann sowohl mechanisch als auch chemisch oder durch eine Kombination der beiden Verfahren vorgenommen werden. Nach amerikanischen Angaben soll das Blech mit einem Gemisch aus Fluorwasserstoff (HF), Salpetersäure (HNO_3) und Wasser gebeizt und dann anschließend einem Trichloräthylen-Dampfbad ausgesetzt werden. Gereinigt wird das Blech mit Azeton und einer Drahtbürste. Wenn man dann noch vor dem Schweißen die Kanten sauber feilt, so daß die Bleche dicht voreinander liegen, erhält man ausgezeichnete Ergebnisse [20].

Erwähnt sei, daß beim Beizen eine Versprödung durch Wasserstoffaufnahme eintreten kann. Ein Abschleifen des Zunders ist nicht zu empfehlen, da, abgesehen von einem großen Verbrauch an Schleifmitteln, die Gefahr einer örtlich starken Erwärmung und einer erneuten Verzunderung besteht.

Mit Rücksicht auf den Schmelzpunkt des Titans und seine Eigenschaften im flüssigen Zustand ist eine Einspannung in einer zweckmäßigen Vorrichtung außerordentlich wichtig. Werden Bleche vor dem Schweißen geheftet, so muß das Blech mit der Bürste von den Verunreinigungen befreit werden, bevor die eigentliche Schweißung ausgeführt wird [20].

Im allgemeinen ist es üblich, die Naht auch von unten durch Argon zu schützen; gelingt es aber durch völlig planes Aufpressen der Bleche auf eine gut wärmeleitende Unterlage den Zutritt der Luft zu verhindern, so werden ebenfalls einwandfreie Schweißnähte erzielt.

3.22 Einfluß von N_2, H_2 und C auf die Festigkeitseigenschaften von Titan und Titan-Schweißungen

Im Abschnitt 3.1 wurde schon allgemein über das Verhalten binärer Titan-Legierungen, über die zu erwartenden Festigkeitseigenschaften und die Möglichkeit einer Wärmebehandlung gesprochen.

Beim Schweißen sind es aber hauptsächlich nur vier Elemente, Kohlenstoff, Sauerstoff, Wasserstoff, Stickstoff (C-O-H-N), die als Verunreinigungen die Festigkeitseigenschaften maßgeblich beeinflussen.

Abbildung 16 zeigt deutlich, daß schon bei sehr geringen Gehalten die Festigkeit zunimmt, während gleichzeitig Dehnung, Einschnürung und Kerbschlagzähigkeit rasch abfallen.

Der Bruch verläuft zwischen den Körnern; die Vermutung liegt nahe, daß die Konzentration der Verunreinigungen auf den Korngrenzen die Ursache ist.

Nach Abbildung 16 nimmt die Dehnbarkeit durch Wasserstoff am stärksten ab. Demgegenüber sagen andere Veröffentlichungen, daß H_2 ohne nenneswerten Einfluß auf Härte, Dehnung und Festigkeit ist bzw. nur die Kerbempfindlichkeit beeinflußt. Auch in der amerikanischen Literatur kommt es zu unterschiedlichen Ergebnissen [21].

Der Grund dürfte darin zu suchen sein, daß den einzelnen Versuchsergebnissen Materialien zugrunde liegen, deren Reinheitsgrad unterschiedlich ist; durch geringe Wasserstoffaufnahme kann die kritische Grenze gerade überschritten werden und sich in einer Härtesteigerung bemerkbar machen. Wird dieselbe Wasserstoffmenge aber von sehr reinem Titan aufgenommen, so ändern sich die Werkstoffeigenschaften kaum. So wurde z.B. bei Jodidtitan durch geringe Wasserstoffzusätze ein starker Abfall der Kerbschlagzähigkeit festgestellt, während eine Zähigkeitsabnahme bei technisch reinem Titan erst bei größeren Gehalten H_2 zu bemerken war.

Aus diesem Grunde ist eine feste Grenze der höchstzulässigen Wasserstoffmenge nur sehr schwer allgemeingültig anzugeben.

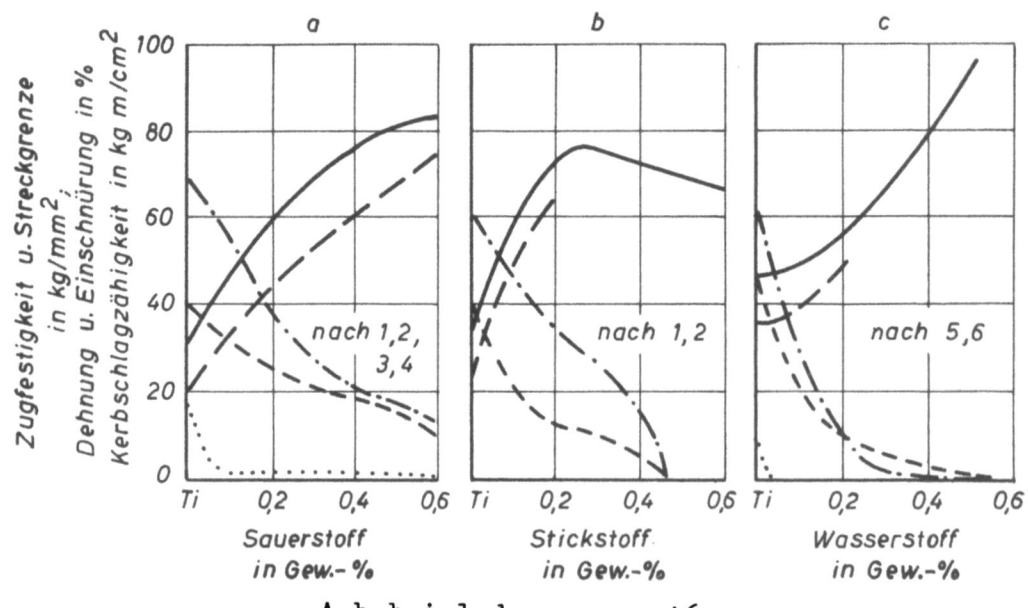

Abbildung 16

Einfluß von verschiedenen Gasen auf die Festigkeitseigenschaften von Titan [4] (nach amerikanischen Angaben)

——— Zugfestigkeit — — Streckgrenze – – – Dehnung

—·— Einschnürung ······ Kerbschlagzähigkeit

Nach neueren Literaturangaben ist bei H_2-Mengen bis etwa 0,015 Gewichts-%
keine nachteilige Beeinflussung der Festigkeitseigenschaften zu erwarten.

Von den im Titan enthaltenen Verunreinigungen hat Kohlenstoff die geringste Wirkung auf die Werkstoffeigenschaften.

Wie Abbildung 17 zeigt, scheidet sich oberhalb der Löslichkeitsgrenze
des Kohlenstoffs Titankarbid aus, das zwar die Zerspanung erschwert,
aber auf die Festigkeitseigenschaften ohne größeren Einfluß ist. So
wurde bei einer Titan-Kohlenstoff-Legierung mit 0,9 % C noch eine Bruchdehnung von 15 % und eine Zugfestigkeit von 75 kg/mm^2 gemessen. Der Grund
für die geringe Härtungsmöglichkeit des Titans durch Kohlenstoff ist
darin zu suchen, daß im hexagonalen α-Titan nur 2 Atom-% Kohlenstoff

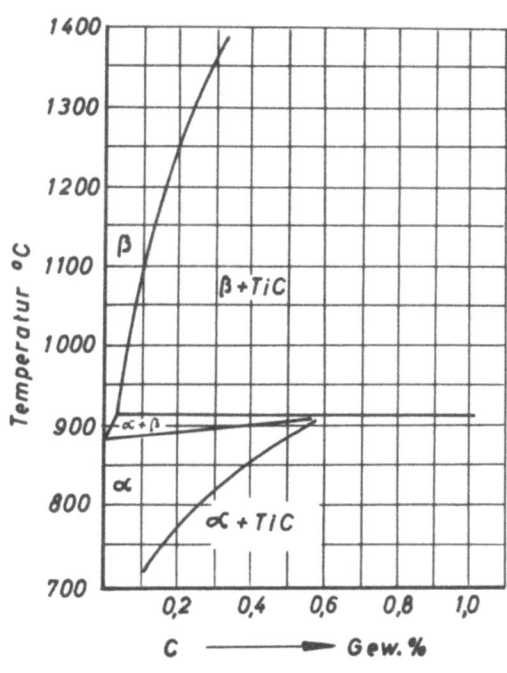

A b b i l d u n g   17
Ausschnitt aus dem Ti-C-Zustandsdiagramm

löslich sind, gegenüber 8,7 % im Austenit. Eine weitgehende Löslichkeit
des Kohlenstoffs im Metall ist aber, wie bei Stahl, Voraussetzung für
die Möglichkeit einer Härtung.

Sauerstoff und Stickstoff erhöhen die Festigkeit und die Härte des Titans bei gleichzeitiger Verminderung der Dehnbarkeit und Zähigkeit.
Von den vier genannten Elementen beeinflussen Stickstoffzusätze die

mechanischen Eigenschaften am stärksten, so daß schon ein N_2-Gehalt von 0,07 % als obere Grenze angegeben wird (nach amerikanischen Angaben).

Die in der Literatur vorgeschlagene Höhe der zulässigen Gasgehalte, die noch keine für die technische Verwendung nachteilige Beeinflussung der Festigkeitseigenschaften haben, soll nun abschließend in einer Tabelle zusammengestellt werden:

> Stickstoff 0,07 %
> Sauerstoff 0,20 %
> Wasserstoff 0,015 %
> Kohlenstoff 0,25 - 0,30 %

3.23 Schutzgas und Schutzeinrichtungen
Titan-Schweißverbindungen (Beispiele)

Als Schutzgas wird in der Literatur Argon oder Helium oder ein Gemisch aus beiden Edelgasen empfohlen. Während Helium die größere Wärmeleitfähigkeit hat, ist Argon spezifisch schwerer und bietet dadurch der Schweiße einen besseren und länger anhaltenden Schutz. Außerdem ist der Argonverbrauch um 1/3 geringer als bei Verwendung von Helium.

Wird Argon als Schutzgas gewählt, so ist Reinst-Argon, mit einem mittleren Gehalt von 0,01 % Sauerstoff und 0,02 Vol-% Stickstoff, wenn es die Wirtschaftlichkeit erlaubt, dem handelsüblichen Argon vorzuziehen. Beim Sigma-Schweißen, das wegen des ungleichmäßig abbrennenden Lichtbogens und der größeren Gasaufnahme aus der Luft noch auf Schwierigkeiten stößt, wurde durch Helium-Schutzgas eine Vergrößerung der Instabilität des Lichtbogens festgestellt.

Wie schon im Abschnitt 3.21 erwähnt wurde, genügt beim Schweißen dünner Bleche, die fest auf eine gut wärmeleitende Unterlage gepreßt werden, ein Argonschutz von oben aus der Brennerdüse. So wurden z.B. 0,5 und 1,0 mm Bleche, doppelt gebördelt, mit einer Argonmenge von 10 l/min erfolgreich verschweißt.

Dickere Bleche werden auch von unten vor dem Zutritt der Luft durch Argon geschützt. Bei Schweißversuchen mit Blechstärken zwischen 1,0 und 22 mm wurden im allgemeinen durch die Brennerdüse Argonmengen von 7 - 8 l/min und durch die Nute von unten 1 - 2 l/min zugeführt. Zu geringe Argonmengen würden die Naht unvollständig schützen, zu dem Verdampfen der Elektrode führen und einen unsteten Lichtbogen hervorrufen. Ein zu hoher Argonfluß kühlt die Elektrode und die Schweiße sehr stark, was eine ungünstige Gefügeausbildung zur Folge haben kann. Ferner kann bei zu hoher Gasgeschwindigkeit die Strömung turbulent werden, so daß der gute Schutz beeinträchtigt wird [23].

Eine an der Düse angebrachte zusätzliche Schutzvorrichtung (Abb. 18) ist bei Mehrlagenschweißungen zunächst mit gutem Erfolg verwandt worden. Da aber das Schweißen mit Zusatzdraht hierdurch erschwert wird, hat man später diese halbzylindrische Schutzvorrichtung zugunsten einer Düse mit größerem Querschnitt nicht mehr benutzt.

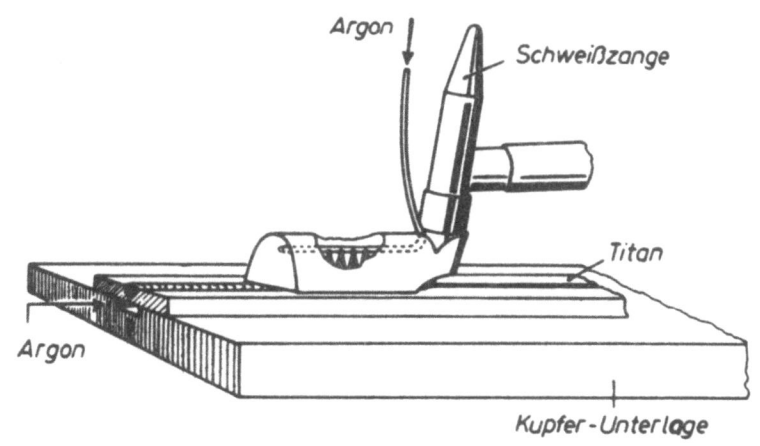

A b b i l d u n g   18
Argonarc-Schweißen von Titan mit Zusatzschutz

Bei der größeren Schweißgeschwindigkeit des Sigma-Verfahrens kann diese "verlängerte Düse" allerdings von Nutzen sein, da durch sie der Argonschutz zeitlich verlängert wird.

Die Abbildungen 19 und 20 zeigen eindeutig, daß bei gutem Argonschutz (etwa 5 l/min), einer großen Düse (19 mm Durchmesser) und einer wassergekühlten Kupferunterlage mit einer Nute zur Argonzuführung von unten die Dehnbarkeit genau so gut ist wie bei einer Schweißung in einer Argon-Kammer. Bei den im Rahmen dieser Arbeit durchgeführten Versuchen wurde Rein-Titanblech von verschiedenen Firmen (Blechstärke 1,3 mm) mit Festigkeiten zwischen 50 und 80 kg/mm^2 untersucht.

Kurve E zeigt die Biegedehnbarkeit bei Anwendung des üblichen Verfahrens. Durch zusätzlichen Argonschutz von unten wurden bessere Ergebnisse erzielt (Kurve D). Wenn man hierzu noch die Argonzufuhr von oben durch eine größere Düse verbessert (Kurve C) und die Schweiße gut kühlt (Kurve B), erreicht man annähernd die Dehnbarkeit des Grundwerkstoffes.

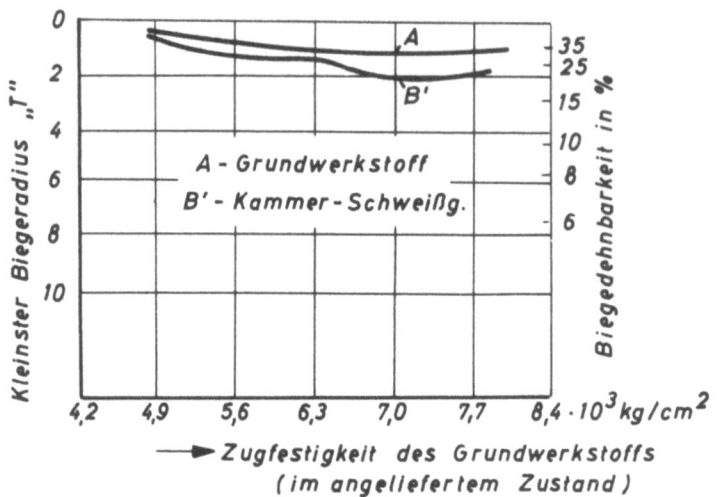

A b b i l d u n g   19

Biegedehnbarkeit geschweißter Titanproben und ungeschweißter Titanbleche verschiedener Festigkeiten

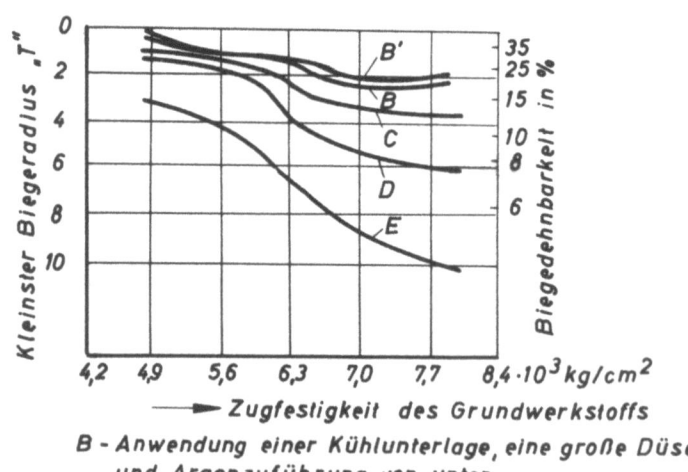

A b b i l d u n g   20

Biegedehnbarkeit geschweißter Titanproben verschiedener Festigkeiten

Parameter: Schweißbedingungen

In einer amerikanischen Veröffentlichung [20] wird an Hand von Skizzen gezeigt, wie die verschiedenen Schweißverbindungen durch zweckmäßige Vorrichtungen am besten vor Verunreinigungen geschützt werden können.

Wenn Schutzgas aus konstruktiven Gründen nicht durch eine Kupferunterlage zugeführt werden kann, so wird die Rückseite der Schweißnaht von Hand durch Argon geschützt, was wegen des hohen Materialpreises kostenmäßig kaum ins Gewicht fallen dürfte, zumal der Bau einer Vorrichtung wegfällt.

3.24 Schweißen von dicken Blechen mit Zusatzwerkstoff

Das Schweißen von dicken Blechen ist ohne Nahtvorbereitung und Zusatzwerkstoff nicht möglich. Aus einer deutschen Veröffentlichung sollen die Ergebnisse, die beim Schweißen von 10 und 22 mm Blechen erzielt wurden, im folgenden kurz zusammengefaßt werden:

Die chemische Zusammensetzung der Titanschmelze, der auch der Zusatzdraht entstammt, enthält an Verunreinigungen:

Fe	Al	C	N	O	H
0,04	0,06	0,025	0,002	0,068	0,001

Der Versuchswerkstoff ist auf eine Länge von 250 - 460 mm geschmiedet, 1 Std. bei 700° C an Luft geglüht, gebeizt und längs einseitig mit einer U-Naht versehen. Der Schweißzusatz hat einen Durchmesser von 3 mm; die minusgepolte Wolframelektrode 3,25 mm ∅. Durch die Brennerdüse (19 mm) strömt 8 l/min Reinstargon, das auch wurzelseitig mit 2 l/min zugeführt wird. Ein Zusatzschutz ist bei den Versuchen nicht benutzt worden. Die Schweißstromstärke konnte auf Grund des besseren Wärmeabflusses bei längeren Proben auf 190 Amp erhöht werden (bei kurzen Proben sind Stromstärken von 160 - 180 Amp üblich). Diese Schweißbedingungen waren für alle Versuche konstant.

Die im Schweißgut ermittelten Festigkeiten waren um 5 - 20 kg/mm^2 höher, wobei die stärkere Festigkeitszunahme im allgemeinen den dickeren Blechen zuzuordnen ist. Das Streckgrenzenverhältnis wurde verbessert. Die Dehnung schwankte im Schweißgut zwischen 5 und 17 %, die Einschnürung zwischen 10 und 45 % und die Kerbschlagzähigkeit zwischen 4 und

10 mkg/cm^2. Durch eine einstündige Wärmebehandlung konnten die Zähigkeitseigenschaften noch erhöht werden.

Eine gute Dehnbarkeit des Schweißgutes wurde bei anderen Versuchen dadurch erreicht, daß man Titan mit einem sehr hohen Reinheitsgrad als Zusatzwerkstoff benutzte. Das Grundmaterial hatte eine Zugfestigkeit von 70 kg/mm^2 und eine Dehnung von 30%. Nach dem Schweißen in einer Schutzkammer, unter Benutzung desselben Werkstoffes als Zusatz, verringerte sich die Dehnbarkeit auf 3 bis 7 %. Bei Verwendung eines Zusatzwerkstoffes höherer Reinheit mit 45 kg/mm^2 Festigkeit und 37 % Dehnung wurde die Zähigkeit der Schweißverbindung erheblich verbessert.

Eine bedeutende Verbesserung der Zugfestigkeit (ca. 25 - 40 %) von geschweißten Rein-Titanblechen bei Abnahme der Dehnbarkeit um 50 % wird nach amerikanischen Untersuchungen durch Schweißen mit legiertem Zusatzwerkstoff erreicht. Die Kerbschlagzähigkeit bei tiefen Temperaturen zeigt ebenfalls höhere Werte als bei Schweißversuchen mit unlegiertem Zusatzwerkstoff.

3.25 Einfluß der Stromstärke auf die Schweißung

In den in- und ausländischen Veröffentlichungen wird empfohlen, Titan mit Gleichstrom und Minuspolung der Elektrode zu schweißen. Hierdurch erreicht man durch den Aufprall der Elektronen auf das Werkstück eine gute Erhitzungswirkung verbunden mit einem tiefen Einbrand. Ferner kann der Lichtbogen durch Berührung gezündet werden, was bei Wechselstromschweißung nicht möglich wäre. Eine Überlagerung der Lichtbogenspannung durch Hochfrequenz trägt zu einer schnelleren Zündung bei; sie ist jedoch normalerweise nicht erforderlich.

Pluspolung der Elektrode wurde nur in einem Aufsatz zum Schweißen von Rein-Titanblechen angewandt. Bemerkungen über den Einfluß der Polung und der Stromstärke auf die Schweißung wurden hier leider nicht gemacht.

Die Schweißstromstärke für eine bestimmte Blechstärke kann in einem ziemlich weiten Bereich eingestellt werden, ohne daß sich nachteilige Folgen für die Festigkeitseigenschaften ergeben, oder der gute Fluß des Schweißgutes beeinträchtigt wird [4].

Die in nachstehendem Diagramm eingetragenen Schweißstromstärken für verschiedene Blechstärken sollen daher nur als Anhaltswerte dienen (das Diagramm wurde nach den in der Literatur angegebenen Daten zusammengestellt).

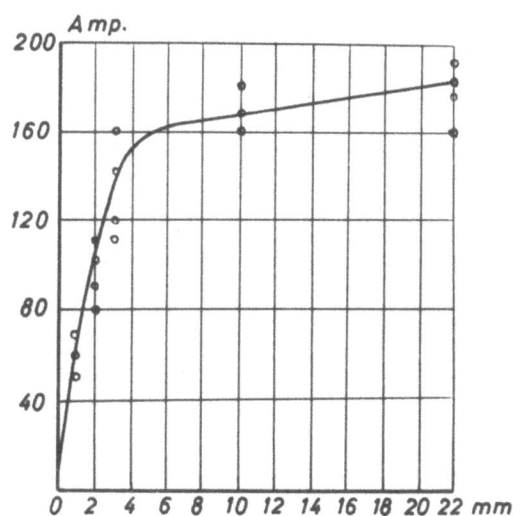

A b b i l d u n g   21
Schweißstromstärken in Abhängigkeit
verschiedener Blechdicken

Bei längeren Schweißnähten kann die Stromstärke auf Grund des besseren Wärmeabflusses etwas erhöht werden. Eine Erhöhung der Stromstärke wird dadurch begrenzt, daß die Einbrandkerben am Anfang und Ende der Naht zu groß werden oder das Blech durchbrennt [5]. Bei zu geringer Stromstärke zeigen sich auf der Oberfläche leicht Spannungsrisse, die auf Grund der unterschiedlichen Abkühlungsgeschwindigkeiten an der Oberfläche und im Grundwerkstoff entstehen können.

Der oben getroffenen Feststellung, daß zwischen Schweißstromstärke und Festigkeit keine Beziehung besteht, stehen andere Versuchsergebnisse gegenüber, die ergaben, das etwas erhöhte Stromstärken die optimalen Werte für Festigkeit, Dehnbarkeit und Kerbschlagzähigkeit ergeben [4].

3.26 Einfluß des Elektroden- und Düsenabstandes auf die Schweißung

Der Elektrodenabstand und damit die Lichtbogenlänge beeinflußt den Einbrand in der Weise, daß bei kleinerem Abstand das Material stärker aufgeschmolzen wird als bei größerer Entfernung. Ein Elektrodenabstand von 3 bis 4 mm ergibt normale Härtewerte der Schweißnaht; bei 5 mm Lichtbogenlänge zeigten sich größere Härteunterschiede, besonders bei niedrigen Stromstärken und Spannungen. Als Grund könnte eine ungenügende Wärmezufuhr und die Instabilität des Lichtbogens in Frage kommen.

Die Schliffbilder zeigten deutlich die Grenze zwischen Grundmaterial und Schweißzone, während bei den geglühten Proben der Übergang vom feinen zum groben Korn nicht mehr deutlich zu erkennen war. Die Härtekurven der geglühten Proben hatten gegenüber den ungeglühten z.T. einen etwas flacheren Verlauf.

Da man in verschiedenen Arbeiten über den Einfluß des Elektrodenabstandes auf die Festigkeit zu keinem einheitlichen Ergebnis gekommen ist, bedarf die Ermittlung des günstigsten Elektrodenabstandes noch weiterer Versuche.

Die Änderung des Düsenabstandes ergab jedoch einheitliche Ergebnisse: mit steigendem Düsenabstand wurde eine Zunahme der Härte festgestellt. Eine Erklärung hierfür liegt auf der Hand, da ja bei konstanter Argonmenge mit zunehmender Entfernung der Düse eine immer größere Fläche überströmt wird, so daß der Argonschutz pro Flächeneinheit geringer wird. Bei einer Vergrößerung des Düsenabstandes von 8 auf 20 mm wurde ungefähr die doppelte Härte gemessen.

Das Aussehen der Schweißnaht bei kleinerem und mittlerem Düsenabstand war sauber und glatt; bei 20 mm Entfernung wurde die Oberfläche aber rauh und wellig, was auf die unterschiedlichen Strömungsverhältnisse bei den untersuchten Düsenabständen zurückgeführt werden kann.

Bei Schweißversuchen an 1 mm dicken Blechen wurde festgestellt, daß bei größerem Düsenabstand die zusätzliche Kühlung durch den Argonstrom geringer wird, so daß das Material sehr heiß wurde und wegschmolz. Eine Erhöhung der Argonmenge von 6 auf 10 l/min bei 16 mm Düsenabstand ergab wieder normale Verhältnisse und eine bessere Schweißnaht.

3.27 Einfluß der Wärmebehandlung

Durch geeignete Wärmebehandlung nach dem Schweißen können Gefügespannungen abgebaut und eine teilweise Umkristallisation erreicht werden.

Härtemessungen quer zur Naht ergaben bei den meisten Schweißproben, daß durch eine Wärmebehandlung die Härte im Grundwerkstoff erniedrigt und der Härtehöchstwert in der Schweißnaht abgebaut wird. Die bleibende Härte in der Naht dürfte neben der Gefügeausbildung im wesentlichen auf die Gasaufnahme während des Schweißens zurückzuführen sein.

Bei Dünnblechen soll die Glühdauer wegen der größeren Gefahr der Gasaufnahme auf 1/2 Std. reduziert werden. Die Biegewinkel (die Proben wurden über die Wurzel gebogen) nahmen nach der Wärmebehandlung deutlich zu, erreichten aber nicht immer 180 Grad [4].

Ermittelt man die Festigkeitseigenschaften mit Hilfe der Zwangszerreißprobe, so werden durch die hierbei auftretende Fließbehinderung andere Werte gemessen als bei Versuchen mit Normalzerreißproben. Zwangszerreißproben quer zur Schweißnaht in unterschiedlichen Abständen von der Schweißnahtmitte ergaben nach einer Glühbehandlung eine Verbesserung der Bruchdehnung und der Brucheinschnürung in der Wärmezone. Die Eigenschaften der Schweißnaht selbst änderten sich nur geringfügig.

Bei den Normalzerreißproben war jedoch eine bedeutende Verbesserung der Dehnung und Einschnürung festzustellen. In der Schweißnahtmitte wurden vor und nach der Wärmebehandlung (700° C/1 Std. Luftabkühlung) folgende Werte gemessen:

Blechstärke	Zugfestigk.	Dehnung	Einschnürung	Zustand der Probe
10 mm	40 kg/mm^2	39,5 %	68,5 %	Ausgangszustand
	55,5 kg/mm^2	5,0 %	13,5 %	Schweißzustand
	54,5 kg/mm^2	16,0 %	36,0 %	Wärmebehandelt

Die Streckgrenze nimmt nach einer Wärmebehandlung stärker ab als die Zugfestigkeit, hier von 53,5 kg/mm^2 auf 48,0 kg/mm^2, was ungefähr dem Streckgrenzenverhältnis des Ausgangszustandes entspricht.

Für dasselbe Material ergab die Biegewechselfestigkeit ein σ_{BW} von ± 17 kg/mm^2. Diese Festigkeit wurde durch eine Glühbehandlung nicht beeinflußt. Weitere Versuche an mit einem Rundkerb versehenen Umlaufbiegeproben führten ebenfalls zu dem Ergebnis, daß eine Wärmebehandlung keinen Einfluß auf die Biegewechselfestigkeit einer Titanschweißverbindung hat [8].

3.28 Chemische Beständigkeit von Titanschweißverbindungen

Die Frage der Korrosionsbeständigkeit von Titanschweißverbindungen ist für den Einsatz in der chemischen Industrie von entscheidender Bedeutung. Stichprobenuntersuchungen mit 3 % und 5 %iger Salzsäure, 3 %iger Schwefelsäure sowie mit 10 %igem Natriumhydroxyd zeigten, daß sich eine Schweißverbindung wie ungeschweißtes Titan verhält [8].

Die chemische Beständigkeit des Titans wurde auf Seite 13 kurz behandelt.

3.29 Einfluß der Walzrichtung auf die Festigkeit einer Titan-Schweißverbindung

Bei Zugversuchen, quer zur Schweißrichtung und in Walzrichtung, wurde festgestellt, daß alle Proben in der Naht zu Bruch gingen. Bei Zerreißproben, die quer zur Naht aber senkrecht zur Walzrichtung auf Zugfestigkeit untersucht wurden, trat der Bruch immer im Grundwerkstoff ein. Die Versuchsergebnisse, es handelt sich um Mittelwerte aus jeweils 4 Proben, sind in Tabelle 4 zusammengestellt [7]:

Tabelle 4

Einfluß der Walzrichtung auf die technologischen Eigenschaften des Titans

	‖ Walzrichtung		⊥ Walzrichtung	
	Grund-werkst.	Geschw. Probe	Grund-werkst.	Geschw. Probe
Zugfest. kg/mm^2	48	47	51	48
Fließgrenze "	36	38	41	42
Dehnung 5,65 $\sqrt{F_o}$ (%)	43	25	46	37
Einschnürung (%)	58	42	65	62

Der Grund für dieses Verhalten ist wahrscheinlich darin zu suchen, daß die quer zur Walzrichtung zerissenen Proben gegenüber der Querkontraktion nicht die Festigkeit aufweisen, die sie bei Zugbeanspruchung parallel zur Walzrichtung haben. Die Proben werden sich schneller und stärker einschnüren, was auch aus den Werten für die Einschnürdehnung hervorgeht, und an dieser Stelle reißen.

Man könnte sich den Bruch in der Schweißnaht auch damit erklären, daß die Walztextur durch das grobkörnige Schweißgefüge gestört wird, was einer Kerbwirkung gleichkommt.

Um den Einfluß der Textur auf die Festigkeitseigenschaften zu untersuchen, müßte versucht werden, die Textur durch Glühen zu beseitigen und die Ergebnisse des Zugversuches mit denen unbehandelter Proben vergleichen.

3.3. Lichtbogenschweißen von Titanlegierungen

3.31 Bedeutung der Titanlegierungen

Wenn auch die gute Korrosionsbeständigkeit und eine Zugfestigkeit von 35 bis 75 kg/mm^2 Rein-Titan schon zu einem vielseitig verwendbaren Werkstoff machen, so kann der Anwendungsbereich durch Zusätze von Legierungselementen noch wesentlich erweitert werden.

Die Bedeutung der Titanlegierungen wird schon allein dadurch deutlich, daß Titan z.B. in den USA zu etwa 70 % in Form von Titanlegierungen und nur zu 30 % als Rein-Titan verarbeitet wird. Handelsüblich sind heute Legierungen mit Al, Cr, Fe, Mn, V, Mo und Sn. Diese Elemente sind entweder allein oder zu mehreren bis zu Legierungsgehalten von 10 % im Titan enthalten [2].

Kennzeichnend für die meisten Titanlegierungen ist die höhere Festigkeit besonders bei hohen Temperaturen und eine entsprechend niedrigere Dehnbarkeit; ferner ein besseres Verhältnis der Streckgrenze zum spezifischen Gewicht und ein günstigeres Verhältnis der Streckgrenze zur Zugfestigkeit. Die Streckgrenze beträgt bei Titanlegierungen durchschnittlich 90 % der Zugfestigkeit.

Von den vielen Titanlegierungen soll nur eine als Beispiel herausgegriffen werden: für die Titanlegierung "Eltanit AB 200" der Firma DEW mit 7 % Al und 3 % Mo werden folgende Festigkeitswerte genannt:

Zugfestigkeit	105 kg/mm^2
Streckgrenze	100 kg/mm^2
Dehnung (l = 5d)	10 %
Einschnürung	30 %
Warmfestigkeit bei 500 °C	72 kg/mm^2

Bemerkenswert ist hierbei vor allem die hohe Warmfestigkeit.

Ein schwerwiegender Nachteil ist die schlechte Schweißbarkeit der meisten Legierungen. Jedoch sind in den USA einige schweißbare Legierungen entwickelt worden; hierauf wird im nächsten Abschnitt noch näher eingegangen.

Der Einfluß des Gefüges auf die Eigenschaften der Titanlegierungen wurde schon im Abschnitt 3.1 eingehend behandelt.

3.32 Bisherige Erfahrungen beim Schweißen von Titanlegierungen

Um die Festigkeitseigenschaften geschweißter Titanlegierungen zu untersuchen und zu verbessern, wurden in den USA mit verschiedenen legierten und unlegierten Zusatzwerkstoffen Schweißversuche ausgeführt [16].

Als Ergebnis stellte sich im wesentlichen folgendes heraus:

1. Wird ein niedriglegiertes alpha-beta Schweißgefüge dadurch erzielt, daß man eine Titanlegierung mit einem unlegierten Zusatzwerkstoff wählt, so hat das Schweißgut eine größere Zähigkeit (bei niedrigen Temperaturen) als das Schweißgut von Reintitanproben, die mit unlegiertem Zusatzwerkstoff geschweißt wurden.

2. Die Zähigkeit der Übergangszone bei einer alpha-beta Legierung war im Gegensatz zur Zähigkeit der wärmebeeinflußten Zone einer Rein-Titan-Schweißung sehr gering.

3. Das Schweißgut einer Verbindung von legierten Titanblechen mit demselben Material als Zusatzwerkstoff war so spröde, daß es schon bei minimalen Kerbschlagenergien im Schweißgefüge oder in der Übergangszone brach.

4. Bei allen Versuchen konnte festgestellt werden, daß die Zähigkeit des Schweißgutes durch die im Zusatzwerkstoff enthaltenen Verunreinigungen wesentlich beeinflußt wird [16].

Von den relativ gut schweißbaren Titanlegierungen seien folgende genannt:

Legierung		
Ti - 5 % Al - 2,5 % Sn	α - Typ	90 - 95 kg/mm^2
Ti - 3 % Cr - 1,8 % Fe	α-ß - Typ	ca. 110 "
Ti - 6 % Al - 4,0 % V	α-ß - Typ	100-110 "
Ti - 7 % Al - 3,0 % Mo	α-ß - Typ	ca. 120 "

Schweißversuche an 3 mm Blechen der Titanlegierungen Ti - 5 % Al - 2,5 % Sn, die unter den gleichen Bedingungen wie sie für Reintitan üblich sind und einer in Abbildung 18 abgebildeten zusätzlichen Schutzvorrichtung ausgeführt wurden, zeigten, daß mit Reintitan als Zusatzwerkstoff gute Ergebnisse erzielt werden können. Die erreichten Bestwerte waren: 50 % der Dehnbarkeit und 95 % der Festigkeit des Grundwerkstoffes. Auffallend ist, daß die Dehnung im wärmebehandelten Zustand geringer war als im Schweißzustand, wenn die Proben mit relativ niedrigen Stromstärken geschweißt worden waren. Der Bruch trat häufig unmittelbar neben der Naht auf [4].

Nach einer amerikanischen Veröffentlichung wurden bei Schweißversuchen an Titanblechen gleicher Legierung dieselben Festigkeitswerte erzielt [19].

Die Schweißverbindung der Titanlegierung vom alpha-beta Typ mit 1,8 % Fe und 3 % Cr als beta-stabilisierende Legierungsbestandteile war im Schweißzustand außerordentlich spröde [4]. Diese Feststellung wurde auch in amerikanischen Veröffentlichungen gemacht; man fand allgemein, daß alle Titanlegierungen, die mehr als 3 % beta-stabilisierende Elemente enthielten, im Schweißzustand spröde waren [19]. Durch eine nachfolgende Wärmebehandlung konnten die Festigkeitseigenschaften etwas verbessert werden. Als günstig erwies sich eine 4-stündige Glühung bei 650° C mit nachfolgender Luftabkühlung. Als Zusatzwerkstoff wurde wieder Reintitan verwandt, da auch bei dieser Legierung eine Verbesserung der Zähigkeit zu erreichen ist. Die Bruchfestigkeit war im Durchschnitt etwa 20 kg/mm^2 niedriger als im Ausgangszustand; eine Streckgrenze konnte nicht ermittelt werden. Der Bruch trat in allen Fällen unmittelbar neben der Naht auf [4].

Die Schweißverbindung der Titanlegierung mit 6 % Al und 4 % V zeichnete sich im Vergleich zu anderen Legierungen durch eine höhere Zähigkeit in der wärmebeeinflußten Zone und im Schweißgut aus. Die Versuche wurden mit einem Zusatzwerkstoff ausgeführt, der in schmalen Streifen vom Grundwerkstoff abgetrennt worden war. Die Ergebnisse können als gut bezeichnet werden [19]:

	Zugfest. kg/mm²	Dehnung (%)	Einschnürung (%)	
Grundmetall	105	12,5	43,5	
Probe quer zur Schweißrichtung	107	9,3	32,5	Bruch in der Schweiße
Probe in Schweißrichtung (100 % Schweißgut)	104	6,3	32,0	

Durch die Wahl dieses Zusatzdrahtes stieg also die Festigkeit der Schweißverbindung über die des Grundwerkstoffes.

Weitere Versuche hatten zum Ziel, die Stelle der ersten Rißbildung bei einer Kerbschlagprobe, die zur Hälfte aus der wärmebeeinflußten Zone bestand, zu ermitteln. Die Proben waren nach dem Sigma-Verfahren mit unlegiertem Zusatzwerkstoff geschweißt worden, so daß die Schweiße eine schwache Legierung darstellte. Durch einen leichten Schlag wurde zunächst erreicht, daß die Probe einen Riß zeigte; nachdem man den bereits getrennten Teil der Probe durch einen Farbstoff kenntlich gemacht hatte, erfolgte der vollständige Bruch durch einen zweiten kräftigeren Schlag. Es wurde festgestellt, daß die Rißbildung immer in der wärmebeeinflußten Zone des Grundwerkstoffes eingesetzt hatte [24].

Die Ti - 7 % Al - 3 % Mo Legierung erwies sich als schlecht schweißbarer Werkstoff. Schon geringe Mengen an Verunreinigungen (0,1 % C, N_2, O_2) ließen die Dehnbarkeit auf Null sinken.

Untersuchungen über die höchstzulässigen Menge C, N_2, O_2, H_2 in der Ti - Al - V - Legierung ergaben, daß diese Legierung gegenüber Verunreinigungen weitaus empfindlicher ist. So wurde bei einem O_2-Gehalt von 0,21 % noch eine brauchbare Zähigkeit gemessen. Die obere Grenze für Stickstoff lag bei 0,1 %; Wasserstoff und Kohlenstoff ergaben in den Fällen nachteilige Wirkung auf die Festigkeitseigenschaften, wenn der Sauerstoff- und Stickstoffgehalt schon verhältnismäßig hoch waren. Eine Wärmebehandlung, die bei Titanlegierungen länger dauert als bei Reintitan, führte zu keinem einheitlichen Ergebnis [21].

4. Versuchsdurchführung

4.1 Versuchsaufbau

Die Schweißversuche wurden mit einem Automaten für Metallinertschweißen durchgeführt.

Um die Schweißproben auch von unten durch Argon zu schützen, wurde eine Vorrichtung benutzt, die schon bei früheren Versuchen an Titan verwandt worden war. Zwei Winkeleisen, die durch Federn hochgedrückt werden, können durch Schrauben fest auf die untergelegte Probe gepreßt werden. Von unten wird durch einen Gummischlauch, der an eine Preßluftflache angeschlossen ist, eine genutete Kupferschiene gegen die Schweißprobe gedrückt. Hierdurch werden eine gute Wärmeabfuhr, minimale Luftzufuhr und eine Argonschutzmöglichkeit durch die Nute der Unterlage erreicht bzw. ermöglicht.

Titan wird allgemein mit Gleichstrom und minusgepolter Elektrode verschweißt. Die Schweißstromstärke bis 100 Amp wurde mit Hilfe eines Millivoltmeters ermittelt, das den Spannungsabfall an einem in den Stromkreis geschalteten Widerstand anzeigte.

Die Mengenmessung für das durch die Brennerdüse strömende Argon wurde an einem an dem Flaschenventil angebrachten Mengenmeßgerät grob eingestellt; die genau durchfließende Menge wurde an einem Rotameter abgelesen, das für den Versuch geeicht werden mußte, da die angegebenen Litermengen nur für einen bestimmten Gegendruck Gültigkeit haben. Die von unten zugeführte Argonmenge war für alle Versuche auf 2 l/min an einem Mengenmeßgerät einer zweiten Flasche konstant eingestellt.

Die Brenndüse hatte eine lichte Weite von 19 mm. Die thoriumlegierte Elektrode war 1,6 mm ⌀ stark.

4.2 Allgemeine Ausführungen zu den Schweißversuchen

Die chemische Zusammensetzung des Versuchsmaterials war:

Kohlenstoff:	0,02 %
Eisen	0,02 %
Silizium:	0,04 %
Stickstoff:	0,03 %
Wasserstoff:	0,01 %
Titan:	Rest

Es handelt sich also um Reintitan mit einem verhältnismäßig geringen Prozentsatz an Verunreinigungen. Die Festigkeitseigenschaften bestätigen dies:

$$
\begin{aligned}
&\text{Zugfestigkeit} &&: 36 \text{ kg/mm}^2 \\
&\sigma_{0,2}\text{-Streckgrenze} &&: 23,5 \text{ kg/mm}^2 \\
&\text{Dehnung } (\delta_5) &&: 55 \text{ \%} \\
&\text{Dehnung } (\delta_{10}) &&: 35 \text{ \%} \\
&\text{Einschnürung} &&: 77 \text{ \%} \\
&\text{E-Modul} &&: 11500 \text{ kg/mm}^2 \\
&\text{Härte } (HV_5) &&: 135 \text{ kg/mm}^2
\end{aligned}
$$

Allgemein verliefen die Schweißversuche an den 3 mm dicken Blechen besser als bei den geringeren Blechstärken. Begonnen wurde mit 1 und 2 mm dicken Proben, die nach dem sogenannten "Free-Bend-Test" im Schraubstock auf Biegedehnbarkeit geprüft wurden. Von den verschweißten Proben rissen hierbei sehr viele in oder neben der Schweißnaht im Übergangsgefüge.

Das Zünden des Lichtbogens erfolgte anfangs auf einem V2A-Stahlblech. Es stellte sich aber bald heraus, daß das Material durch die enge Berührung leicht ineinander überfloß und sich hierdurch ungünstige Festigkeitseigenschaften ergaben. Um einen Einfluß durch einen anderen Werkstoff auszuschalten, wurde der Lichtbogen auf einen 40 mm breiten Titanstreifen gezündet. Eine Überlagerung durch Hochfrequenz war nicht nötig.

Zunächst wurde durch Versuchsschweißungen die optimale Nahtvorbereitung für eine gute Verbindung ermittelt. Es wurden Verbindungen geschweißt, bei denen die Kanten sauber gefeilt wurden, so daß sie dicht schlossen; andere wurden mit einem kleinen Spalt am Anfang oder Ende verschweißt, wieder andere wurden vor dem Schweißen mit einem Beizmittel, bestehend aus 2 % HF, 2 % HNO_3 und 96 % H_2O, gesäubert oder mit einer Drahtbürste gereinigt. Es ergab sich, daß das Verschweißen der nicht gebeizten Proben besonders am Anfang der Naht Schwierigkeiten bereitete. Die Schmelze ist sehr dünnflüssig und fließt sehr schwer zusammen.

Als bestes Mittel zur Erreichung einer sofortigen Verbindung erwies sich eine Beizung der Stoßkanten. Die Blechkanten brauchen vorher nicht gefeilt zu werden, wenn der Stoß dicht voreinander liegt. Bei den 2 mm Blechen führte schon ein Spalt von 0,5 mm zu einer Unterbrechung der

Schweißverbindung. Durch die ungünstige Wärmeableitung am Anfang und Ende der Naht erfolgt hier ein Wärmestau, der ein Durchbrennen zur Folge hatte. Um das Wegfließen des Materials zu vermeiden, wurde eine Versuchsreihe geschweißt, die jedoch zu keinem 100%igem Erfolg führten. Durch Auflegen von 1 mm Plättchen am Ende der Naht konnte bei mehreren Proben ein Durchbrennen vermieden werden. Gelingt es, den Schweißstrom im richtigen Augenblick kurz vor dem Ende der Naht abzuschalten, so entsteht ebenfalls eine saubere Probe. Um auch am Anfang der Naht das Wegfließen des Schweißgutes zu vermeiden, wurden die Bleche, die zum Erhitzen der Elektrode vor die Rrobe gelegt wurden, dicker gewählt; weiter wurden die Bleche auf den Anfang der Naht aufgelegt. Beide Versuchsanordnungen konnten nicht mit Sicherheit ein Durchbrennen vermeiden. Sehr gut hat sich auch hier ein Beizen bewährt.

Die Versuche wurden mit 1, 2 und 3 mm dicken Blechen durchgeführt. Schweißversuche ergaben, daß ein gutes Verschweißen des 1 mm Bleches mit einer 1 mm Elektrode gute Verbindungen ergibt, während bei einer 1,6 mm Elektrode das Material leicht durchbrennt; auch bei sehr geringen Stromstärken (35 Amp) war eine sichere Verbindung schwierig. Biegeversuche an Proben dieser Blechstärke ergaben die gleichen Ergebnisse wie bei 2-mm-Blechen.

Das 3 mm dicke Blech ließ sich ohne weiteres bei Stromstärken zwischen 110 und 160 Amp ohne Nahtvorbereitung und ohne Wurzelschweißung verbinden.

Für die Wahl der Einstellgrößen wurden Schweißergebnisse von Vorversuchen mit Titan zugrunde gelegt. So konnte z.B. der Düsenabstand mit 12 bis 13 mm konstant gehalten werden, da sich gezeigt hatte, daß mit kleinem Düsenabstand die besten Ergebnisse erzielt wurden. Ebenso war die Schweißgeschwindigkeit für alle Versuche gleich (200 mm/min).

Die Argonzufuhr von oben und unten wurde nur einige Male zur Kontrolle geändert, da Tastversuche ergaben, daß 7 l/min durch die Düse und 2 l/min durch die Kupferschiene die besten Festigkeitswerte ergab. Noch nicht eindeutig bestimmt waren der Einfluß des Elektrodenabstandes, der Stromstärke und der Walzrichtung. Die Versuche hatten daher hauptsächlich die Ermittlung der Beziehungen zwischen diesen Einflußgrößen und den Festigkeitseigenschaften zum Ziel.

4.3 Prüfung der Schweißnähte

Zur Prüfung der Schweißnähte wurden Härte-, Biege-, Falt- und Zugversuche herangezogen. Zugversuche quer vor allem aber längs der Schweißnaht gaben die beste und sicherste Auskunft über die Festigkeitseigenschaften: die Dehnbarkeit des Schweißgutes konnte bei den Versuchen längs der Naht genau ermittelt werden, falls die Proben sauber geschweißt und bearbeitet worden waren. Eine Reihe Proben konnte nicht zur Auswertung herangezogen werden, da sie durch Fehlstellen in der Naht außerhalb der Meßlänge oder durch Kerbwirkung brachen. Zusätzlich wurden bei den Zerreißproben mit genügend langer Einspannlänge Zwangszerreißstäbe hergestellt (Abb. 22).

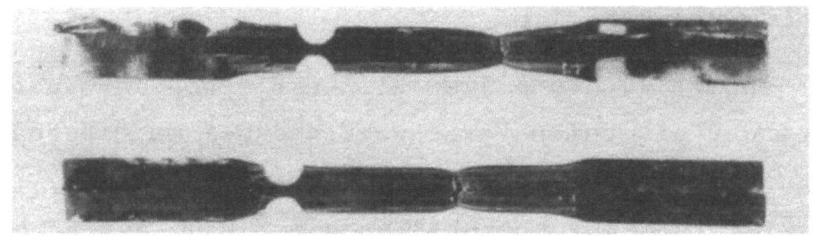

Abbildung 22
Zugproben zur Ermittlung der Dehnbarkeit und
Festigkeit des Schweißgutes

Die Zugfestigkeit der längs der Schweißnaht zerissenen Proben kann nur bedingt vergleichend herangezogen werden, da durch die unterschiedliche Breite der Naht bei verschiedenen Stromstärken auch zwangsläufig verschiedene Zugfestigkeiten gemessen werden.

Als Probenform wurde für 2 mm Bleche die normale Meßlänge gewählt ($l_1 = 11,3 \cdot \sqrt{F_o}$) und für die 3 mm Bleche die verkürzte Meßlänge ($l_o = 5,65 \cdot \sqrt{F_o}$).

In der amerikanischen Literatur und auch bei Versuchen deutscher Firmen (Krupp) wurde eine Biegevorrichtung verwandt, mit deren Hilfe als Kriterium für die Güte der Schweißnaht der geringste Biegeradius ermittelt wurde. Der Biegewinkel betrug 105° und die Biegeradien betrugen 1,66, 0,5 und 0,16 x Blechdicke. Da in der Literatur bei einem Biegeradius von 0,5 x Blechdicke die meisten Proben in der Schweißnaht oder im Übergang Risse zeigten, wurde dieser Biegeradius zur Prüfung der Biegeproben ausgewählt und eine Vorrichtung gebaut, die in die Zerreißmaschine eingebaut werden konnte (Abb. 23).

Abbildung 23
Prüfung der Biegefestigkeit

Ebenso wurde für Faltversuche ein Stempel mit einem Biegeradius von 6 mm angefertigt, der zur Prüfung der 2- und 3-mm-Bleche verwandt wurde. Die DIN-Norm schreibt für die Prüfung von Schweißnähten einen Radius von 2 bis 3 x Blechdicke vor.

5. Auswertung der Versuchsergebnisse

5.1 Einfluß des Elektrodenabstandes

Untersuchungen an Proben verschiedener Blechstärken, die mit Lichtbogenlängen zwischen 2,0 und 6 mm verschweißt wurden, führten zu dem Ergebnis, den Elektrodenabstand möglichst klein zu halten. Bei einem zu großen Abstand der Elektrode brennt der Lichtbogen sehr unruhig, die Blaswirkung ist groß, der Einbrand sehr gering und die Möglichkeit des Eindringens von Gasen in das Schweißbad eher gegeben.

Schon die Nahtoberfläche zeigt eine Schweißung mit einem kurzen, stabilen Lichtbogen sofort an: sie weist einen sehr scharfen, geraden Rand auf und hat eine saubere Oberfläche. Hier wurde die Feststellung gemacht, daß Proben mit unruhig brennendem Lichtbogen im allgemeinen eine sehr geringe Dehnbarkeit aufweisen. Zugproben längs der Schweißnaht, die mit einem Elektrodenabstand von 2,0 mm geschweißt wurden, wiesen bei mehreren Versuchen die größte Dehnbarkeit auf. Sie schwankte bei einer Meßlänge von $l_o = 11,3 \cdot \sqrt{F_o}$ zwischen 9 und 13 %.

Besonders auffallend war die gute Dehnbarkeit der 3mm dicken Zugproben, die bei einem Elektrodenabstand von 2,0 bis 2,5mm eine Dehnbarkeit von ca. 45 % hatten. Man muß allerdings berücksichtigen, daß hier die verkürzte Meßlänge $l_o = 5,65 \cdot \sqrt{F_o} = 40$ mm zugrunde gelegen hat.

Die Härtekurven (siehe die Diagramme der Proben 58, 59, 60) zeigen auch eindeutig bei einem langen Lichtbogen einen Versprödungseffekt. Eine Probe war sogar so spröde, daß sie beim Einspannen in den Schraubstock brach. Der Lichtbogen war hier extrem lang (6 mm).

Der Einbrand bei langem Lichtbogen ist sehr gering, die Breite der Naht verhältnismäßig groß. Mit der bei normalem Elektrodenabstand eingestellten Stromstärke war bei 3 mm Blechen eine gute Verschweißung möglich, bei einem Abstand von 4,5 mm jedoch betrug die Eindringtiefe nur noch 1 mm, was ohne weiteres verständlich ist, da ein großer Teil der Wärme nicht an das Metall sondern an die Luft abgegeben wird.

Biege- und Faltversuche zeigten, daß sich bei einem tiefen Einbrand mit breiter Wurzel nicht so leicht Risse in der Schweißnaht oder im Übergangsgefüge bildeten.

5.2 Einfluß der Stromstärke

Der Einfluß der Stromstärke auf die Schweißverbindung ist gering. Der Schweißstrom muß hoch genug sein, um auch wurzelseitig eine gute Verbindung zu ermöglichen. Nach oben wird eine Vergrößerung der Stromstärke dadurch begrenzt, daß die Elektrode schneller verbrennt und die Löcher am Anfang und Ende der Naht zu groß werden. Der Stromstärkebereich, in dem verschiedene Blechstärken gut verschweißt werden können, wird mit geringerer Blechdicke enger. So können die untersuchten Blechstärken mit folgenden Stromstärken verschweißt werden, vorausgesetzt, daß der Elektrodenabstand bei den niedrigen Ampérezahlen 2,0 mm nicht übersteigt.

Blechstärke	Amp.
1 mm	50 - 70
2 mm	70 - 100
3 mm	110 - 160

Ein Beispiel soll den geringen Einfluß der Stromstärke zeigen: eine 3 mm dicke Zugprobe (verkürzte Meßlänge: 40 mm) wurde mit einer mittleren Stromstärke verschweißt (135 A) und längs der Schweißnaht zerrissen. Eine andere, mit 162 Amp und gleichem Elektrodenabstand (2,0 mm) geschweißte Probe (Nr. 69), wies nur eine unwesentlich geringere Dehnung auf. Sie betrug 45 %, während bei Probe 67 eine Dehnbarkeit von 47,5 % gemessen wurde.

Die geringe Abnahme der Dehnung kann auf die größere Aufnahme von Gasen aus der Luft bei hohen Stromstärken zurückgeführt werden, da hierbei das Schweißbad größer ist und mit einer Länge von ungefähr 3 x Nahtbreite gerade an die Grenze des Argonschutzmantels herankommt.

Abschließend kann gesagt werden, daß es beim Titanschweißen nicht so sehr auf die Höhe des Schweißstromes als vielmehr auf eine gute, saubere Schweißung vor allem der Wurzelseite ankommt. Einge Angabe der Höhe des Schweißstromes ist daher nur sinnvoll, wenn gleichzeitig die Lichtbogenlänge mit angegeben wird.

Ein leichter weißgrauer Belag auf der Oberfläche der Schweißnähte zeigte sich bei Schweißen mit hohen Stromstärken. Da bei minusgepolter Elektrode die Temperatur im Schweißbad örtlich auf $4000°$ C ansteigt, kann diese Erscheinung auf ein Verdampfen des Titans zurückzuführen sein. Die Verdampfungstemperatur von Titan liegt bei $3660°$ C. Da besonders bei ungenügender Argonzufuhr, die Elektrode leicht verbrennt, kann der Niederschlag auch zum Teil von verdampftem Wolfram herrühren.

5.3 Einfluß der Argonmenge

Argon wurde aus der rechts in Abbildung 24 abgebildeten Kugel-Flasche über ein Rotameter und durch einen Nachströmbehälter zur Düse geleitet. Der für die verschiedenen Durchflußmengen unterschiedliche Gegendruck wurde abgelesen und zur Eichung der Rotameterskala benutzt. Die Argonzufuhr von unten erfolgte aus der kleinen Flasche, die Mengenmessung an dem am Flaschenventil angebrachten Glasröhrchen.

A b b i l d u n g   24
Versuchsaufbau

Es wurde schon erwähnt, daß nach zahlreichen Vorversuchen die günstigste Argonmenge für den Schutz der Elektrode und des Schweißbades mit 6 - 8 l/min angegeben worden war. Härtekurven zeigen, daß auch eine Verminderung der Argonmenge auf 4,5 l/min keine bedeutende Härtesteigerung zur Folge hat.

Die Argonzufuhr durch die Kupferschiene wurde für fast alle Versuche auf 2 l/min konstant gehalten. Zum Abschluß einer Versuchsreihe wurden 2-mm-Zugproben ohne Argonschutz von unten auf der umgekehrten Kupferschiene verschweißt. Das Ergebnis war überraschend: sowohl Festigkeit als auch Dehnung erreichten Bestwerte. Für die Zugproben mit der normalen Meßlänge ($l_o = 11,3 \times \sqrt{F_o}$) wurden bei einem Argonschutz durch die Kupferschiene (2 l/min) Bestwerte von 12,5 % errechnet.

Diese Vergrößerung der Dehnbarkeit ist vermutlich auf die geringe Aufnahme von Gasen aus der Luft zurückzuführen, da auf der gut wärmeableitenden Kupferschiene das Metall schneller erstarrt. Die Stromstärke muß beim Schweißen auf einer nicht genuteten Kupferunterlage ungefähr 20 % höher eingestellt werden.

5.4 Einfluß der Walzrichtung

In einer deutschen Veröffentlichung [7] wurde festgestellt, daß der Riß bei Zugproben quer zur Schweißrichtung in der Schweißnaht eintrat, wenn der Stab in Walzrichtung zerrissen wurde. Auch bei Biegeproben konnte ein Einfluß der Walzrichtung festgestellt werden.

Es wurden daher eine Reihe Versuche gefahren und die längs und quer zur Walzrichtung geschweißten Proben im Biege-, Falt- und Zugversuch geprüft. 2-mm-Zugproben wurden quer zur Schweißnaht und Walzrichtung zerrissen; andere Proben quer zur Naht aber parallel zur Walzrichtung.

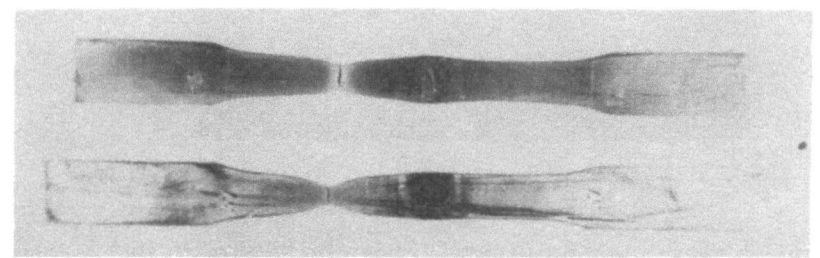

A b b i l d u n g   25
Zugproben, parallel und senkrecht zur Walzrichtung zerrissen

Abbildung 25 zeigt hierfür je ein Beispiel. Auffallend war die bedeutend größere Einschnürung der quer zur Walzrichtung zerrissenen Proben.

Da bei diesen Zugversuchen eine Probe, die längs der Walzrichtung zerrissen worden war, unmittelbar neben der Schweißnaht brach, wurden diese Versuche bei 3-mm-Blechen wiederholt. Sechs solcher Proben wurden parallel der Walzrichtung zerrissen, brachen aber alle im Grundwerkstoffstoff. Es muß an dieser Stelle nochmals erwähnt werden, daß die Schweißversuche an 3-mm-Blechen im allgemeinen bessere Ergebnisse zeigten.

Biegeproben waren ebenfalls unter Berücksichtigung der Walzrichtung verschweißt worden. Ein Einfluß auf die Festigkeitseigenschaften konnte aber auch hier nicht festgestellt werden.

5.5 Einfluß einer Wärmebehandlung

Bei vielen Titanschweißverbindungen trat der Bruch in der Schweißnaht oder im Übergangsgefüge auf. Dieser Bruch ist vor allem auf das grobkörnige Gefüge im Schweißgut und in der Übergangszone zurückzuführen, da hier die Behinderung der Gleitebenen größer ist.

Ein sehr grobes Korn zeigt der Makroschliff in Abbildung 26. Eine andere wurde unter günstigeren Bedingungen geschweißt; in Abbildung 27 ist das feinere Korn zu erkennen.

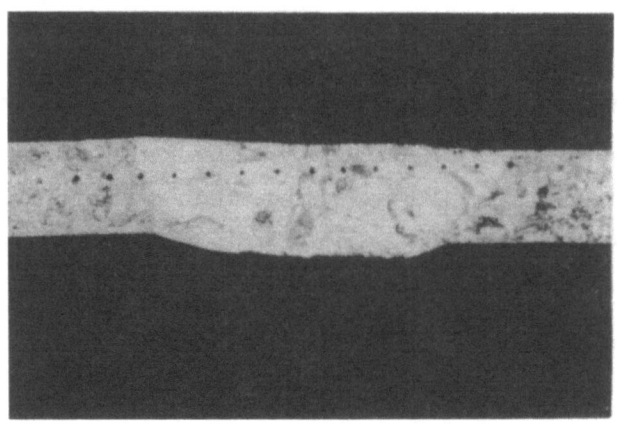

Abbildung 26
Probe 59: Schweißzustand (Blechstärke 3 mm)

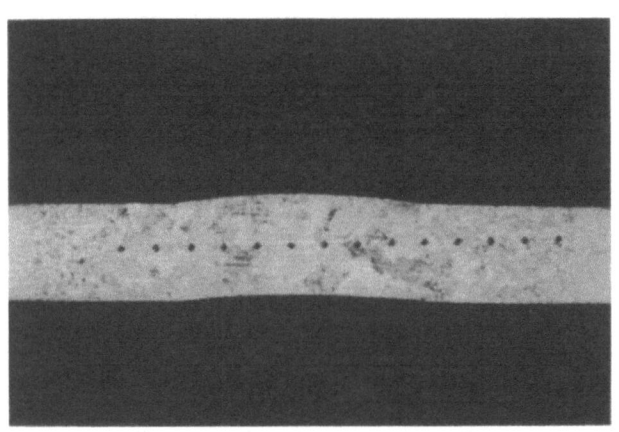

Abbildung 27
Probe 52: Schweißzustand

Um diese Grobkornbildung zu beseitigen, wurden verschiedene Proben eine Stunde bei 700° geglüht, wie es in der Literatur empfohlen wurde. Der Erfolg war leider gering: Härte und Grobkornbildung wurden gar nicht oder nur unwesentlich beeinflußt.

Auf Grund der Annahme, daß die Zeit der Wärmebehandlung für dünne Bleche mit einer Stunde zu lang ist, wurden verschiedene Proben nur eine halbe Stunde bei 700° C geglüht, um die Aufnahme von Verunreinigungen zu verringern. Der Erfolg blieb aus.

Zwei Proben, die im Ofen langsam abkühlten (von 700° C auf 200° C in sechs Stunden), zeigten am Rand auch im Gebiet der Schweißnaht ein feinkörniges Gefüge. Daraufhin wurden verschiedene Proben bei höheren Temperaturen länger geglüht (750° C/2 Std./Luftabkühlung). Im Schliffbild konnte eine Umkristallisation festgestellt werden. Abbildung 28 zeigt die Schweißnahtmitte der ungeglühten Probe, Abbildung 29 dieselbe Stelle nach einer Wärmebehandlung. Diese Probe wurde nach dem Mikroschliff nicht mehr poliert, so daß noch Schleifriefen zu erkennen sind.

Die Härtekurven der geglühten Proben liegen vielfach im Grundwerkstoff unter den Werten des Ausgangszustandes, so daß auch bei Verringerung der Härte in der Schweißnaht die prozentuale Härtesteigerung dieselbe ist.

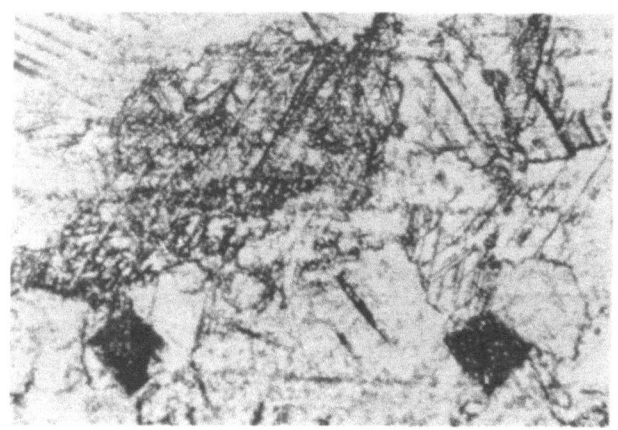
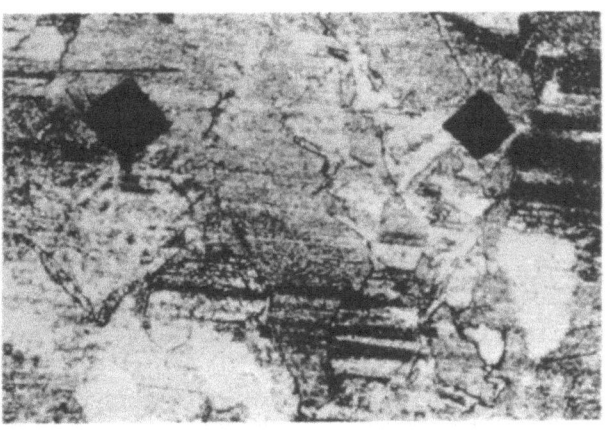

A b b i l d u n g   28
Probe 55: Schweißgut, ungeglüht

A b b i l d u n g   29
Probe 55: Schweißgut, geglüht bei
750° C / 2 Std./Luftabkühlung

6. Zusammenfassung

In Teil 2 und 3 dieser Arbeit sind auf Grund umfangreicher Literaturauswertung die bisherigen Forschungsergebnisse über das Schweißen von Reintitan und Titanlegierungen wiedergegeben.

Nach einleitenden Ausführungen über wirtschaftliche Bedeutung, Vorkommen, Herstellung, Eigenschaften und Verarbeitung von Titan wird die Metallkunde des Titans kurz behandelt, soweit sie für den Schweißvorgang und eine Wärmebehandlung wichtig ist. Einen breiten Raum nehmen das Lichtbogenschweißen von Reintitan und die Beziehungen zwischen den verschiedenen Einflußgrößen und den Festigkeitseigenschaften ein. Anschließend werden die Erfahrungen beim Schweißen von Titanlegierungen behandelt. Das Abbrennstumpfschweißen von Titan und das Widerstandspunktschweißen sowohl zweier Titanbleche als auch die Verbindung von Titan mit anderen Metallen bilden den Abschluß der Literaturarbeit.

Im Teil 3 wurden, ausgehend von den bisher gemachten Erfahrungen, die Einflußgrößen untersucht, deren Wirkung auf die Festigkeitseigenschaften bisher noch nicht eindeutig festgestellt werden konnte. Für fast alle Versuche wurde der Düsenabstand möglichst klein gehalten (12 mm). Die Argonzufuhr durch die Düse wurde auf 7 l/min und der Argonstrom durch die Kupferschiene auf 2 l/min eingestellt. Die Schweißgeschwindigkeit betrug für alle Versuche 200 mm/min. Obwohl in früheren Arbeiten die obere Grenze der Einlagenschweißung ohne Zusatzwerkstoff für Titan mit 2,0 - 2,5 mm Blechstärke angegeben wurde, konnten die 3 mm Proben in einem Arbeitsgang ohne weiteres stumpf verschweißt werden. Die Eigenschaften der Schweißverbindung waren bei den 3 mm Blechen weitaus besser als die der beiden anderen Blechstärken. Die Dehnung längs der Schweißnaht lag z.B. bei der verkürzten Meßlänge bei 45 %.

Im einzelnen konnte folgendes festgestellt werden:

1. Fehlerfreie Titanschweißverbindungen sind nur dann möglich, wenn die Stoßkanten dicht voreinander liegen und diese vorher gebeizt werden. Anderenfalls ist ein sofortiges Zusammenlaufen des aufgeschmolzenen Metalls nicht immer gewährleistet.

2. Der Elektrodenabstand ist möglichst klein zu halten und die Stromstärke so zu wählen, daß auch die Wurzel eine breite Naht zeigt. Dies ist besonders bei Biegebeanspruchung wichtig.

3. Der Einfluß der Argonmenge auf die Festigkeitseigenschaften ist gering. Es wird empfohlen, mit einer Argonmenge durch die Düse von 7 l/min zu arbeiten. Die Düse soll einen Durchmesser von 19 mm haben. Auffallend war, daß die beste Dehnbarkeit der Naht bei den auf umgekehrter Kupferschiene, also ohne Argonzufuhr von unten, verschweißten Proben erreicht wurde.

4. Bei Zugproben quer zur Schweißnaht, die sowohl parallel als auch senkrecht zur Walzrichtung zerrissen wurden, konnte eine viel größere Einschnürdehnung bei den senkrecht zur Walzrichtung zerrissenen Proben festgestellt werden. Eine Beeinträchtigung der Festigkeit durch die Walzrichtung ist möglich; dies konnte aber nicht eindeutig bewiesen werden, da von 9 parallel zur Walzrichtung zerrissenen Proben nur 1 Probe im Übergang brach. Alle übrigen Proben gingen im Grundmaterial zu Bruch.

5. Durch die allgemein empfohlene Wärmebehandlung, 700° C/1 Std./Luftabkühlung, konnte weder das Gefüge wesentlich verändert noch die Härte herabgesetzt werden. Nach einem 2-stündigen Glühen bei 750° C entstand, besonders in den Randgebieten, ein globulares Korn. Die Härte wurde nur geringfügig verändert.

                                        Professor Dr.-Ing. habil. Karl KREKELER

7. Literaturverzeichnis

[1] Theorie des Schweißprozesses
von G.J. POGODIN-ALEXEJEW, VEB Verlag Technik, Berlin

[2] Technische Mitteilungen, Juli 1953
Titan als neuer Werkstoff, von Helmut van KANN

[3] Zeitschrift für Metallkunde 1954, Seite 76

[4] Zeitschrift für Metallkunde, 1956, Heft 8
Beitrag zur Frage des Schweißens von Titan und Titanlegierungen,
von K. BUNGARDT und K. RÜDIGER, Krefeld

[5] Technische Mitteilungen Krupp, 1955
"Titan, seine Eigenschaften und Anwendungsmöglichkeiten"
von O. RÜDIGER, H. van KANN, W. KNORR, Seite 23 - 38
"Ein Beitrag zum korrosionschemischen Verhalten des Titans", S.44-47

[6] Chemie und Ing. Technik, 1956
"Titan im chemischen Apparatebau" von FISCHER und van KANN, S.565-569

[7] Schweißen und Schneiden, Oktober 1957
"Beitrag zum Schweißen von Titan" von Helmut van KANN

[8] Zeitschrift für Metallkunde, Juni 1957
"Festigkeitseigenschaften von Titanschweißverbindungen"
von K. BUNGARDT und K. RÜDIGER, Krefeld

[9] Zeitschrift für Erzbergbau und Metallhüttenwesen, Dezember 1957
"Entwicklungslinien der Titan-Metallurgie"
von Professor Dr.-Ing. Helmut WINTERHAGER, Aachen

[10] Welding Journal, 1952
"Resistance and Fusion Welding of Titanium and its Alloys"
by E.F. HOT and W.H. MOORE

[11] The Welding Journal, 1953
Research Supplement 32, Seite 481 s

[12] The Welding Journal, 1954
"Alloy Welds Deposited in "Unalloyed" Titanium Base Metal",
by C.E. HARTBOWER and DANIEL M. DALEY jr.

[13] The Welding Journal, 1955
"Fusion Welding Unalloyed Titanium Sheet without Filler Rod", by Levy and Wickham

[14] The Welding Journal, 1954
"Effects of Oxygen and Nitrogen in Welding Titanium Alloys", by James H. JOHNSTEN

[15] The Welding Jornal, 1956
"Welding of Titanium", by E.F. GORMAN, Seite 575

[16] The Welding Journal, 1956
"Notch Toughness of Weld Deposits in Commercial Titanium Alloys", by D.M. DALEY, jr. and C.E. HARTBOWER

[17] The Welding Journal, 1956
"Resistance Welding Ductile Joints in Commercially Pure Titanium", by R. WICKHAM

[18] The Welding Journal, 1956
"Problems Involved in Spot Welding Titanium to other Metals", by Frank W. MCBEE jr., Jimmy HENSON and L.R. BENSON

[19] The Welding Journal, April 1957
"Investigations of the Mechanical Properties of Metal-Arc Welded Ti-6%Al-4%", by Daley and HARTBOWER

[20] The Welding Journal, April 1957
"Design and Technique Requirements for Arc Welding Titanium in Aircraft Applications", by R. MEREDITH and B.L. BAIRD

[21] The Welding Journal, July 1957
"Effects of Interstitial Elements on Weldability of Ti-6%Al-4%V

[22] The Welding Journal, Oct. 1957
"Stress Corrosion of Titanium Weldments", by R. MEREDITH and W.L. ARTER

[23] The Welding Journal, Oct. 1957
"Shielding Gases for Inert-Gas Welding", by HELMBRECHT and OYLER, Seite 979

[24] Welding and Metal Fabrication, Aug. 1956 "Argon-Arc Welding of Commercially Pure Titanium", by TAYLOR and MOORE, Seite 268-281

FORSCHUNGSBERICHTE DES LANDES NORDRHEIN-WESTFALEN

Herausgegeben durch das Kultusministerium

ACETYLEN · SCHWEISSTECHNIK

HEFT 14
Forschungsstelle für Acetylen, Dortmund
Untersuchungen über Aceton als Lösungsmittel für Acetylen
1952, 64 Seiten, 10 Abb., 26 Tabellen, DM 12,25

HEFT 38
Forschungsstelle für Acetylen, Dortmund
Untersuchungen über die Trocknung von Acetylen zur Herstellung von Dissousgas
1953, 36 Seiten, 11 Abb., 3 Tabellen, DM 6,80

HEFT 52
Forschungsstelle für Acetylen, Dortmund
Untersuchungen über den Umsatz bei der explosiblen Zersetzung von Azetylen
a) Zersetzung von gasförmigem Azetylen
b) Zersetzung von an Silikagel absorbiertem Azetylen
1954, 48 Seiten, 8 Abb., 10 Tabellen, DM 9,25

HEFT 78
Forschungsstelle für Acetylen, Dortmund
Über die Zustandsgleichung des gasförmigen Acetylens und das Gleichgewicht Acetylen — Aceton
1954, 42 Seiten, 3 Abb., 8 Tabellen, DM 8,—

HEFT 102
Dr. P. Hölemann, Ing. R. Hasselmann und Ing. G. Dix, Dortmund
Untersuchungen über die thermische Zündung von explosiblen Acetylenzersetzungen in Kapillaren
1954, 44 Seiten, 5 Abb., 4 Tabellen, DM 8,60

HEFT 104
Prof. Dr. W. Weizel, Bonn
Über den Einfluß der Elektroden auf die Eigenschaften von Cadmium-Sulfid-Widerstands-Photozellen
1955, 48 Seiten, 12 Abb., DM 9,45

HEFT 109
Dr. P. Hölemann und Ing. R. Hasselmann, Dortmund
Untersuchungen über die Löslichkeit von Azetylen in verschiedenen organischen Lösungsmitteln
1954, 42 Seiten, 10 Abb., 8 Tabellen, DM 8,30

HEFT 110
Dr. P. Hölemann und Ing. R. Hasselmann, Dortmund
Untersuchungen über den Druckverlauf bei der explosiblen Zersetzung von gasförmigem Azetylen
1955, 54 Seiten, 10 Abb., 5 Tabellen, DM 11,—

HEFT 120
Dipl.-Ing. A. Weisbecker, Lüdenscheid
Über Anfressung an Reinstaluminium-Schweißnähten bei der elektrolytischen Oxydation
Gebr. Hörstermann GmbH., Velbert
Entwicklung und Erprobung eines neuartigen Gummibandförderers
1955, 46 Seiten, 18 Abb., DM 9,70

HEFT 138
Dr. P. Hölemann und Ing. R. Hasselmann, Dortmund
Untersuchungen über die Zersetzungswärme von gasförmigem und in Azeton gelöstem Azetylen
1955, 54 Seiten, 8 Abb., 7 Tabellen, DM 10,40

HEFT 170
Prof. Dr. F. Wever, Dr. A. Rose und Dipl.-Ing. L. Rademacher, Düsseldorf
Anwendung der Umwandlungsschaubilder auf Fragen der Werkstoffauswahl beim Schweißen und Flammhärten
1955, 64 Seiten, 25 Abb., DM 13,70

HEFT 206
Dr. P. Hölemann, Ing. R. Hasselmann und Ing. G. Dix, Dortmund
Untersuchungen über die Vorgänge bei der Zersetzung von in Azeton gelöstem Azetylen
1956, 74 Seiten, 8 Abb., 7 Tabellen, DM 15,55

HEFT 274
Prof. Dr.-Ing. K. Krekeler und Dipl.-Ing. H. Verhoeven, Aachen
Qualitative Untersuchungen bei Verbindungsschweißungen mittels Lichtbogenschweißautomaten unter Verwendung von Blankdraht und Zugabe von ferromagnetischem Pulver als Umhüllung
1956, 68 Seiten, 40 Abb., 8 Tabellen, DM 15,45

HEFT 275
Prof. Dr.-Ing. habil. K. Krekeler, Aachen und Dipl.-Ing. H. Verhoeven, Aachen
Quantitative Untersuchungen von Punktschweißverbindungen an Tiefzieh- und Aluminiumblechen, die nach dem Argonarc-Punktschweißverfahren hergestellt werden
1956, 64 Seiten, 45 Abb., DM 14,60

HEFT 305
Prof. Dr.-Ing. K. Krekeler, Aachen, Dr.-Ing. H. Peukert, Aachen und Dipl.-Ing. W. Schmitz, Siegburg
Heißgas-Schweißung von Hart-Polyvinylchlorid mit Zusatzwerkstoff
1956, 44 Seiten, 27 Abb., 5 Tabellen, DM 12,50

HEFT 328
Dr. H. Maeder, Belo Horizonte
Schweißen von Temperguß
1957, 92 Seiten, 59 Abb., 42 Tabellen, DM 25,50

HEFT 355
Prof. Dr.-Ing. habil. K. Krekeler, Dr.-Ing. H. Peukert und Dipl.-Ing. A. Kleine-Albers, Aachen
Untersuchungen auf dem Gebiet der Schweißung von Kunststoffen
Ein Beitrag zur Heißgas-Schweißung von Weich-Polyvinylchlorid mit Zusatzwerkstoff
1957, 44 Seiten, 19 Abb., DM 11,—

HEFT 382
Dr. phil. habil. P. Hölemann, Ing. R. Hasselmann und Ing. G. Dix, Dortmund
Die Messung von Flammen und Detonationsgeschwindigkeiten bei der explosiven Zersetzung von Acetylen in Rohren
1957, 36 Seiten, 7 Abb., 4 Tabellen, DM 8,10

HEFT 383
Dr. phil. habil. P. Hölemann und Ing. R. Hasselmann, Dortmund
Verlauf von Azetylenexplosionen in Rohren bei Gegenwart von porösen Massen
1957, 68 Seiten, 10 Abb., 15 Tabellen, DM 16,60

HEFT 438
Prof. Dr.-Ing. H. Winterhager und Dr.-Ing. L. Werner, Aachen
Bestimmung des elektrischen Leitvermögens geschmolzener Fluoride
1957, 52 Seiten, 18 Abb., 10 Tabellen, DM 11,90

HEFT 464
Dr. phil. habil. P. Hölemann und Ing. R. Hasselmann, Dortmund
Die Möglichkeit der Zündung von Acetylen in Rohrleitungen beim Ausblasen mit Stickstoff
1957, 38 Seiten, 6 Abb., 6 Tabellen, DM 9,20

HEFT 526
Dr. phil. habil. P. Hölemann und Ing. R. Hasselmann, Dortmund
Einfluß der Oberflächenbeschaffenheit der Wandung auf den Ablauf von Azetylenexplosionen
1958, 48 Seiten, 8 Abb., 10 Tabellen, DM 14,50

HEFT 531
Prof. Dr.-Ing. habil. K. Krekeler, Dipl.-Ing. H. Verhoeven und Dipl.-Ing. H. Ernenputsch, Aachen
Autogenes Entspannen bei niedrigen Temperaturen
1958, 48 Seiten, 17 Abb., DM 14,80

HEFT 532
Prof. Dr.-Ing. habil. K. Krekeler, Dipl.-Ing. H. Verhoeven und Dipl.-Ing. W. Krieweth, Aachen
Schutzgasschweißen mit kontinuierlich abschmelzender Elektrode von niedriglegierten Kohlenstoffstählen (Sigma-Schweißen)
1958, 50 Seiten, 30 Abb., DM 16,—

HEFT 569
Dr. phil. habil. P. Hölemann, Ing. R. Hasselmann und J. Strootmann, Düsseldorf
Acetylenverluste an Naßentwicklern
1958, 26 Seiten, 4 Abb., 9 Tabellen, DM 9,65

HEFT 690
Dr. phil. habil. P. Hölemann, Ing. R. Hasselmann und I. Strootmann, Dortmund
Die Zersetzung von gasförmigem Acetylen und Acetylen-Aceton-Lösungen bei Gegenwart von porösen Materialien

HEFT 692
Prof. Dr.-Ing. habil. K. Krekeler, Dipl.-Ing. H. Verhoeven
Untersuchungen zum Schweißen von Titan (Wolfram-Inert-Schweißen Ac.-Schw.)

Ein Gesamtverzeichnis der Forschungsberichte, die folgende Gebiete umfassen, kann bei Bedarf vom Verlag angefordert werden:
Acetylen / Schweißtechnik – Arbeitspsychologie und -wissenschaft – Bau / Steine / Erden – Bergbau – Biologie – Chemie – Eisenverarbeitende Industrie – Elektrotechnik / Optik – Fahrzeugbau – Gasmotoren – Farbe / Papier / Photographie – Fertigung – Gaswirtschaft – Hüttenwesen / Werkstoffkunde – Luftfahrt / Flugwissenschaften – Maschinenbau – Medizin – Pharmakologie – Physiologie – NE-Metalle – Physik – Schall / Ultraschall – Schiffahrt – Textiltechnik / Faserforschung / Wäschereiforschung – Turbinen – Verkehr – Wirtschaftswissenschaften.

If you have any concerns about our products,
you can contact us on
ProductSafety@springernature.com

In case Publisher is established outside the EU,
the EU authorized representative is:
Springer Nature Customer Service Center GmbH
Europaplatz 3, 69115 Heidelberg, Germany

Printed by Libri Plureos GmbH
in Hamburg, Germany